脳はいかに意識をつくるのか

脳の異常から心の謎に迫る

ゲオルク・ノルトフ　高橋 洋［訳］

NEUROPHILOSOPHY AND THE HEALTHY MIND
Learning from the Unwell Brain

Georg Northoff

白揚社

脳はいかに意識をつくるのか

私にさまざまな洞察をもたらしてくれた、患者、学生、同僚に本書を捧げる

目次

第6章

統合失調症における「世界－脳」関係の崩壊

179

＊本文中の〔　〕は訳者による註です。

はじめに／謝辞

神経科学は、比較的新しい科学である。近年の神経科学の隆盛を見るにつけ、この分野が誕生してから、まだ一〇〇年から一五〇年しか経過していないという事実がうそのように感じられる。一九世紀から二〇世紀にかけての世紀の変わり目の頃には、生きた脳が備える機能の直接的な観察を可能にする画像取り込み装置は存在していなかった。とはいえ、情報源の一つに、神経学や精神医学関係の専門誌に掲載される臨床的な所見があった。精神病患者の脳は、とりわけ損傷などの構造的な異常を死後に調査すれば、脳の機能に関して手がかりを与えてくれる場合がある。今日では機能的磁気共鳴画像法（ｆＭＲＩ）などの高価な最新の装置が利用できるにもかかわらず、脳という地味な灰色をした物質が、いかにして「自己」「意識」「情動的感情」「人格的同一性《パーソナル・アイデンティティ》」などの多彩な心的特性を生み出しているのかという謎は、解明されないまま残されている。

私は、健康な心へのカギを求めて機能不全に陥った脳を調べるという神経科学の原点に立ち返ることで、本書のタイトル『Neuro-Philosophy and the Healthy Mind: Learning from the Unwell Brain（神経哲学と健康な心——不健康な脳から学ぶ）』にもある神経哲学と呼ばれる哲学へと導かれた。これまで何世紀にもわたり、心的特性やその概念について議論してきたのは哲学者たちである。そして、心と脳の一対一の変換が可能なのか否かに関して徹底的な検討がなされることもなく、これらの概念が頻繁に神経科学の分野に持ち込まれてきた。本書で私は、神経科学の研究によって得られたデータと、自己、意識、情動的感情、人格的同一性などといった、さまざまな心的特性に関する哲学的な定義を比較し関連づけることで、神経科学と哲学のあいだに横たわる、いくつかの大きな矛盾を明確化する。この矛盾は、哲学で定義されている心に関する概念を再定式化することによってのみ克服できる、と私は考えている。それゆえ本書は、精神障害と脳の関係に関する神経科学者や臨床家の理解や見方に対してのみならず、古今の哲学者たちによって議論されてきたさまざまな謎の解明においても大きな意義を持つはずである。

本書の制作にあたり、さまざまな局面ですぐれた支援を提供してくれたW・W・ノートン&カンパニー社のデボラ・マルムードとベンジャミン・ヤーリングに感謝の言葉を述べたい。ベンジャミン・ヤーリングは、神経科学、精神医学、哲学という三分野にまたがる領域横断的な書物の構造やスタイルに関して、有益なフィードバックや助言を与えてくれた。マーク・バージェスには本書の初期段階の編集を、ニルス・フレデリック・ワグナーとアンネマリー・ウルフには最終段階のチェックを、またウェンディー・カーターには参考文献一覧の作成を担当していただいた。また、私が所属するオタワ大学メンタルヘルス研究所（IMHR）のズル・メラリ博士は、心や、心的特性と脳の関係を含め、脳に関する考えを発展させ、一冊の書物にまとめるのに必要な、心的な、そして物理的な場所を私に提供してくれた。これらの人々に、ここで感謝の言葉を述べておきたい。最後に、何時間でも何日でも、あるいは何週間も私が（心的に、あるいは現実に）不在にしているあいだでさえも、私を支援し続けてくれた忍耐強いジョン・サーキシアンにも感謝したい。

序章

心はいかに脳に関係するのだろうか？　これは現代におけるもっとも重要な問いの一つである。進化、無意識〔著者は本書全体を通じて「unconscious(ness)」と「nonconscious(ness)」を使い分けており、それぞれ「無意識」と「非意識」と訳した。これらの用語の定義について著者に確認したところ、「無意識」はそのもとでコンテンツ（コンテンツについては以下の訳注で説明する）が意識にのぼる可能性がある場合を、また「非意識」は原理的に意識にのぼる可能性がまったくない場合を指す。したがって「無意識」にはフロイト的な意味がまったく含まれていない点に留意されたい〕、そして最近では遺伝的な影響の役割という観点から、多くの事実が解明されてきた。それにもかかわらず、心の本質や、脳内におけるその起源については、まだよくわかっていない。心についてよりよく理解するにはどうすればよいのだろうか？　実のところ、心について語るとき、私たちはいったい何に言及しているのか？　次の架空の症例を考えてみよう。

❖架空の症例

あなたは、友人とお茶を飲んでいる。彼女は三四歳で、一流のジャーナリストだ。あなたは天気の悪さ、ひどい寒さを話題にし、気の滅入るような寒風を防いでくれる最新の冬物のコートについて得々と語る。それを聞いていた彼女は、最近買ったばかりのすばらしいコートについて語り始める。そして突然話を中断する。数秒が経過してから、彼女はポツリと「コン」と口にし、それを何度かゆっくりと繰り返す。あなたは彼女に「どうしたの?」と訊く。彼女は答えない。もう一度尋ねても、まったく返答しない。ただ「コン」を繰り返すばかりである。ここに至ってあなたは、彼女の何かがおかしいことに気づき、救急車を呼ぶ。かくして彼女は病院に連れて行かれる。

一九世紀中葉、フランスの高名な神経学者で人類学者のポール・ブローカ(一八二四〜一八八〇)が直面したのは、まさにこの種の状況であった。架空の症例のジャーナリストのように、突如として言葉を用いてものごとを表現できなくなり、その後まったく何も話さなくなった患者に、彼は何度か出会ったのだ。しかしこれらの患者は、言われたことは理解しているらしかった。彼が扱った最初の、そしてもっとも有名な患者は「タン」というニックネームで呼ばれていた。口にする唯一の言葉が「タン」だったからだ。患者の死後、脳を解剖すると、興味深いことに左前頭葉に損傷が見られた。この領域は、額《ひたい》の背後の前頭部に存在する。同様な言語障害(現在では

「運動性失語」と呼ばれている）を抱えていた他の患者が死んだときに行なった解剖でも同じ損傷が認められ、ブローカはこの脳の部位と症状のあいだに関係があることを確証する。こうして、この領域は「ブローカ野」と呼ばれるようになる。

ブローカに続き、ドイツの医師カール・ウェルニッケ（一八四八〜一九〇五）は、それとはやや異なる症状を呈する何人かの患者を診断した。彼らは話し言葉を理解することはできなかったが、自分で言葉を発することはできた。つまり、「キン」や「タン」などのただ一つの言葉に語彙が限定されることはなかった。とはいえ、彼らが話す言葉や単語間の結びつきは理解不可能な様相を呈し、現代の私たちが言うところの「言葉のサラダ」と化していた。

症例のジャーナリストは、急に何も話さなくなったのではなく、突如として他者には理解不可能なあり方で言葉をまぜ合わせるようになった、言い換えると、おのおのの言葉は正確に発音できるのに、それらを結びつけると理解不可能な文になったのだ。彼女の主要な問題は、言葉の表現や運動性の発音にではなく、その受容や感覚処理にある。そのためこの種の失語症は、（運動性失語ではなく）「受容性失語」、あるいは「感覚性失語」と呼ばれる。ウェルニッケは、これらの患者の主要な損傷が、ブローカ野のような前頭葉の領域ではなく、脳のより後部に位置する上側頭回に認められることを発見した。この領域は、現在では「ウェルニッケ野」と呼ばれている。

神経科学の黎明期にあたる一九世紀に見出されたこれらの事例から、何がわかるのだろうか？それらによって明らかになったのは、発話障害と、その基盤にある脳の損傷が、人類に特徴的な、言語などの高次の認知機能と脳の結びつきを開示するということだ。とりわけこれらの事例は、言語が均質的なものではなく、おのおのが異なる脳の区画（ブローカ野、ウェルニッケ野）に依拠する、発音／運動、受容／感覚などのいくつかの領域《ドメイン》に細分化し得ることを示した。それ以来、言語は、いくつかのプロセスと脳領域が関与する高度に複雑な機能であることが研究によって明らかにされてきた。

重要な点を指摘しておくと、患者が呈する症状をもとに、脳や、脳の機能についても学べることが、これらの事例によってわかった。先に見たように、言語についてはこの見方がうまく当てはまった。ならば、同じアプローチを用いて心を理解し、自己、意識、情動的感情、人格的同一性などの心的特性に関する異常を調査できるのではないか？　このようなアプローチは、神経系を損傷した植物状態の患者や、抑うつ、あるいは統合失調症を抱える精神病患者の研究へと私たちを導く。本書の目標は、これらの患者や、機能不全に陥った彼らの脳から何を学べるかを示し、それをもとにして健康な脳の機能に対する理解を促進することにある。他のさまざまな分野と同様、機能不全の理解は、健全な機能の理解に役立つ場合がある。

心の「ハードプロブレム」

人間の心には、意識、自己の感覚、時間を超えて維持される人格的同一性を可能にするメカニズム、情動、認知、自由意志など、さまざまな独自の特性が備わっている。これらのうち、もっとも基本的で重要な特性は意識である。意識なくして他の特性に意味があるとは思えない。だが、意識とは何か？　私たちは、目覚めていれば（眠っていなければ）意識を維持している。もちろん、手術で麻酔をかけられている最中、あるいは交通事故で意識を失ったときなど、例外的な状況はある。

意識は、現在でも多くの分野で最大の謎の一つとされている。なぜ、そしていかなる仕組みを通じて客観的な存在たる灰色の脳から、主観的で多彩な個人的経験が生じるのだろうか？　オーストラリア出身の現代の哲学者デイヴィッド・チャーマーズ（1996）は、この問いを「ハードプロブレム」と呼ぶ。事実、この問いに答えるのは非常に困難だ。脳を調査するために今日用いられている神経科学の最新のツールは、脳の機能の神経学的特徴を次々に明らかにしている。神経メカニズム、つまり脳の内的な働きは、ますます明確になりつつある。しかしこれらの最新のツールは、脳神経の特性が意識、自己、情動的感情に変換される理由や仕組みを示してはくれない。近年の急速な発展にもかかわらず、現在の脳神経科学とそれによる脳の説明には何か非常に重要なものが欠けている。ハードプロブレムに対する答えはまだ見つかっていないのだ。

では、現時点の神経科学にはいったい何が欠けているのか？　私たちの脳は、環境や身体から受け取るさまざまな内容物《コンテンツ》、すなわち入力情報を処理する〔本書では、刺激による入力情報や、それによって喚起された神経活動、もしくは内因性の神経活動に基づいて形成された心的内容物を一貫して

「contents」と表記しており、以下「コンテンツ」とする」。これは解明がもっとも容易なパズルのピースであり、それに疑問の余地はない。しかし脳は、受け取った情報の純粋に客観的な処理を主観的な経験に変えるという別の機能も持っているように思われる。私たちは、赤という色を客観的な方法で処理しているだけではない。たとえば、熟したトマトの赤い色合いをきわめて主観的なあり方で経験している。これは哲学者のトマス・ネーゲル（1974）が「～であるとはどのようなことか」という問いによって論じた人間の経験の様相であり、私たちの意識が客観的なものとしてのみならず、本質的に主観的なものとして特徴づけられることを示す。

　この「～であるとはどのようなことか」という意識の側面は何に由来するのか？　ルネ・デカルトらの過去の哲学者は、それが身体や脳に存在する何らかの非物質的な魂に由来すると考えた。魂は人間の経験の主観的な側面、そしてそれゆえ意識や自己などの心的特性を説明すると考えたのである。今日では、身体や脳とは別の非物質的な魂を想定するこの種の仮説は、一般に時代遅れとされている。だが、外見上客観的な脳しか存在しないのなら、心的特性の主観性、すなわち「～であるとはどのようなことか」という意識の側面はいかに説明できるのか？　この問題は再び「ハードプロブレム」をめぐる問いを喚起する。なぜ、そしていかなる仕組みを通じて、非意識と単なる物質的な脳ではなく、意識が存在するのか？

　脳それ自体が、主観的構成要素、すなわち「～であるとはどのようなことか」という意識の側面を付与しているのか？　神経科学や哲学の分野では、人間の経験の主観性を説明するために、あらゆる種類の客観的な神経メカニズムがその候補として提起されてきた。本書では、これらのメカニズムのいくつかを取り上げる。だがこれから見ていくように、それらのいずれによっても、なぜ、そしていかなる仕組みを通じて脳神経の特性が心的特性に変換されるのかを説明することはできない。この問いは、本書における脳の探究の指針をなす。それに答えるにあたり、本書は哲学と神経科学の両分野に深く分け入る。ちなみに、このようなアプローチは、現在では「神経哲学（neuro-philosophy）」と呼ばれている。

神経哲学

神経哲学とは何か？　神経科学者は最近、心やその特性を論じる哲学的な領域に進出し、意識、自己、情動、アイデンティティ、自由意志などの心に関する概念と格闘するようになった。これらは、もともと哲学の分野で定義されていた概念であり、精神的な色合いを帯びていた。そのため、そのような要素が神経科学の概念にも認められるようになった。心的特性を表すために用いられている概念に含まれるこの哲学的な要素に、私たちはどう対処すればよいのか？

これに関しては、さまざまな見解がある。トマス・ネーゲル、ピーター・ハッカー、コリン・マッギンらの保守的な哲学者は、心的概念を実証的な方法で探究することは不可能だと主張する。彼らによれば、物質的な要因によって引き起こされると考えるか否かを問わず、心の問題は科学的な方法では解明し得ない。よって、神経科学では扱えない哲学の領域に属する。彼らにとって、心はもっぱら哲学の領域に属し、それに関して神経科学の出る幕はないのだ。端的に言えば、神経科学が扱えるのは脳だけであるのに対し、哲学は心を研究できるのである。

とはいえ、それとは正反対の見方のほうがよく知られている。この見方は今日では神経哲学と呼ばれる分野に見出せる。神経哲学はおもに英米で発展してきた分野で、パトリシア&ポール・チャーチランドやジョン・ビックルらの神経哲学者は、いかなるタイプの心的概念も、もはや不要であると主張する。彼らの主張を要約すると、「自己、自由意志、意識などといった心的概念は放り出せ。そしてそれを脳神経に基づく概念で置き換えろ」「心などというものは存在しない。あるのは脳だけだ」といったところとなる。しかし、神経科学の発展をもってしても、これらの語気の荒い神経哲学者たちは、脳がいかに神経活動を心的特性に変換しているのかという問いに満足な答えを与えられないでいる。

現在多くの神経哲学者は、「心は脳であり、さまざまな心的特性は脳神経の特性の現れにすぎない」と論じる。彼らはさまざまな議論や理論を提起してはいるが、論理的な分析という点では洗練されていても、神経活動から心への変換に関する問題には結局答えられていない。なぜか？彼らは、脳と神経系の特性が心的特性に変換され、それによって意識が生じるメカニズムを明らかにしていないからだ。

ではどうすれば、脳の神経活動が心的特性に変換される、転換点となる瞬間をとらえることができるのか？　特定の神経活動の状態が、いかなる場合に意識などの心的状態に結びつき、いかなる場合に結びつかないのか？　その答えは、まだわかっていない。神経科学は、最近になって脳の働きや機能に関する理解を深めつつあるが、神経系の特性が、哲学で論じられているような心的特性に至る理由については十分に説明できずにいる。

不健康な脳から健康な心へ

脳が神経活動を心的活動に変換する方法を解明できるよう、哲学的な概念を変えるにはどうすればよいのだろうか？　神経科学は通常、健康な脳を研究する。哲学も健康な脳に焦点を絞る。そしてどちらも、自己や意識などの心的特性がいかに生じるのかを説明しようとする。前世紀の哲学者の心をめぐる議論は、現在では脳という文脈のもとに置かれるようになった。たとえば、心的特性の基盤に魂を据えるデカルトの想定は、脳内の特定の領域、ネットワーク、メカニズムという形態をとって現在再浮上しつつある。「心的《メンタル》」という語が、「神経系の《ニューロナル》」という語で単に置き換えられただけのケースもよく見受けられる。そこでは、心的特性は神経系の特性だとされているのである。だが、この言い換えによっては、見かけは客観的な脳神経系の特性が、心的特性のような主観的な特性を形成し得る理由を説明できない。つまりそれによって、神経活動から心への変換に関する問いに答えることはできないのだ。

哲学と神経科学の協調は、概して言えば望ましくはあれ、心と脳の関係に関する「古い」問題を、脳という「新しい」文脈のもとに移し変えただけのようにも思える。心と脳をめぐる伝統的な二元論が、二種類の神経系の特性のあいだの、すなわち純粋な神経系の特性と、心的特性に関わる神経系の特性のあいだの二元論として再浮上しつつある。言い換えると、心と脳の問題が脳と脳の問題で置き換えられているのだ。かくして現在、哲学と神経科学の協調には行き詰まりが見られる。要するに、もとは哲学に属していた形而上学的な概念や観念が強化され、脳という実証的な文脈のなかに埋め込まれるようになったのである。

この行き詰まりから、どうすれば脱することができるのだろうか？　それには、これらの分野とそれらが提起する、心や神経系に関する概念とは異なる情報源を探す必要がある。その一つとして考えられるのは、神経系や精神の障害である。植物状態を引き起こす脳損傷に起因する意識の喪失は、健康な脳がいかに神経系の特性を意識の諸状態に変換しているのかを示唆する重要な手がかりを与えてくれるかもしれない。同様に、抑うつ、統合失調症などの精神疾患を特徴づける自己、情動的感情、人格的同一性の変容は、健康な心の秘密や、それと脳の関係を解明するのに役立つかもしれない。

ブローカとウェルニッケは、患者を観察することで、言語、および言語と脳の関係を理解した。それと同じく、私は神経系の機能と心的特性の関係を調査する出発点として、自己、意識、情動的感情、人格的同一性の異常などの、神経系や精神の障害を取り上げる。これらの障害は、不健康な脳と健康な脳の相違を教えてくれる。注目すべきことに、不健康な脳は、神経系の機能を心的特性に変換する健康な脳のメカニズムについて間接的に教えてくれるのである（Searle, 2004）。

ここまでの議論をまとめておこう。私の目的は、不健康な脳から健康な心を推論することだ。それによって、哲学者が心や脳と呼ぶものを的確に記述するために、現在の哲学的概念を変える必要があるのか、そして、その必要があるのなら、いかにしてかがわかるだろう。本書では、精神分析医としての私の臨床経験に基づいて、まず冒頭で神経系や精神の障害を抱える架空の患者の症例を紹介し、しかるのちに神経科学者として行なった神経画像を用いた魅惑的な研究の成果を取り上げつつ論を進めていく。そして最後に、神経哲学者として私が出会った、心と脳に関する数々の新たな理論について考察する。

第１章

意識の喪失

心の背後に存在する脳を探究するには
どうすればよいのか？

心とは何か？　哲学者はこれまで長く、心の本質や、そのさまざまな特性について考察してきた。意識は心の主要な特性であると考えられてきたが、この見方は「意識はいかに身体や脳と関係しているのか？」という差し迫った問いを提起する。神経科学の最近の研究が示すところでは、意識のような心的特性は脳と、脳の神経活動にその基盤を置く。だが、なぜ、そしていかなる仕組みを通じて、脳の神経活動は、私たちが意識と結びつけて考えている心的特性に変換されるのだろうか？　これに関しては、現在のところ答えが得られていない。私は逆方向からのアプローチを提案したい。つまり意識の喪失を足がかりにするのだ。意識の喪失にともなう神経活動の変化は、意識の存在の基盤をなす神経メカニズムについて間接的な手がかりを与えてくれるだろう。本章では、意識の喪失を経験している患者の様態を典型的に示す架空の症例をまず描く。そして、脳や神経系の特性、さらには心的特性に関する問いを提起するための青写真として、この例を用いる。

❖架空の症例

ジョンは五歳の頃、黒光りのする堂々としたＢＭＷバイクにまたがり、隣家に住む女の子を後部シートに乗せて、閑静な通りの彼方へと爆音をとどろかせて消えていく近所の青年にあこがれていた。ジョンは自宅の玄関の前にすわって、二人が戻ってくるのをじっと待っていた。彼らが戻ってきたときに、隣家の女の子がバイクを降り、ヘルメットを脱いでカールした赤毛を解き放ちながらボーイフレンドにキスし、ステップを駆け上がっていくところを、見たかったのだ。

二一歳になったジョンは、ガールフレンドのルーシーを乗せて最近手に入れたばかりのＢＭＷバイクを飛ばしていた。そのとき彼は、くだんの隣家の女の子と、彼女のボーイフレンドのことを思い出していた。ジョンは彼の名前をまったく知らなかったが、一種のアイドルと化していたこの青年は、わずかながらも自己の感覚の形成に寄与していたのだ。ジョンとルーシーがつき合うようになってから半年が経ち、今では相思相愛の仲だと彼は確信していた。ある意味で、二人が出会う前から、彼はこの日がやって来ることを予期していた。

その日は絶好のツーリング日和だった。大学の友人たちのほとんどは、感謝祭のために町を離れていた。二人きりになったジョンとルーシーは、幸福な逃亡者のような気分で郊外に出て二車線のハイウェイに乗り、赤や黄色に染まった木々で覆われた丘をＢＭＷバイクで駆け上がる。暖かい風が、二人の微笑む顔をかすめていく。想像していたとおりだ。ハイウェイを下りた二人は、交通の途絶えた細道に入る。もの思いにふけってもそれほど危険はなさそうだ。ルーシーはジョンの腰に少しばかり強くしがみつき、目を閉じて頭を彼の背中にもたせかける。ジョンは、何週間もかけて探した、柳の葉が小川に垂れ下がる絶好の休憩場所を頭に思い浮かべる。そのとき何の前触れもなく、一台の軽トラックが丘の上からやって来る。ジョンの目はすぐに軽トラをとらえるが、もの思いにふけっていた彼は、ちょうどそのとき狭い道のまん中を走っていた。そのため、溝に向かって思い切りハンドルを切ることしかできなかった。タイヤが砂利をこする音が聞こえる。紅葉した秋の木々が彼らの周りで回転し、暗闇が二人を包み込む。そして、ジョンとルーシーは意識を失う。

軽トラの運転手は、道路に横たわっている二人を発見する。心臓は鼓動し、息はしているものの、二人はまったく反応しなかった。運転手は救急車を呼ぶ。救急車は一〇分以内に到着し、ジョンとルーシーは病院に運ばれ生命維持装置につながれる。二人ともまったく何の反応も示さない。ただしルーシーには、目の動きがわずかに見られた。医師は、ジョンには無反応覚醒状態／植物状態（UWS／VS）の診断を、ルーシーには最小意識状態（MCS）の診断を下す。事故直後の一週間、二人は、意識のレベルにいかなる改善も見せないまま集中治療室に収容されていた。それから一般病棟に移され四週間そこに留まるが、意識レベルはまったく改善せず、リハビリテーション病院に移された。

神経障害から心の秩序へ

ジョンとルーシーは、その後どうなったのだろう。再び目を覚ますことができたのか？　死ぬまで、その状態のままなのか？　それについてはあとで述べよう。まず、新たな視点で基本事項を検討することから始めなければならない。彼らに何が起こったのか？　ジョンとルーシーは意識を失った。では、意識とは何か？　大雑把に言えば、私たちは意識があるときには目覚めていて環境に反応する。それに対し、夢を見ずに眠っているときには目覚めておらず、周囲のできごとに反応しない（ここでの定義では、夢は意識の一形態と見なされる）。ジョンとルーシーに関してはどうか？　ジョンの意識のレベルは非常に低い。彼は何の反応も示さず、何も経験していないように思われる。微動だにしない。前述のとおり、彼が置かれている状態は無反応覚醒状態／植物状態（UWS／VS）と呼ばれる。目は開いたままだが、それが完全に閉じ、いかなる手段に対しても何の反応も示さなければ、その状態は昏睡状態と呼ばれる。

それに対し、ときに動作や反応のわずかな兆候を示すルーシーには最小限の意識が残存する。それゆえ、彼女の状態は最小意識状態（MCS）と呼ばれるのだ。UWS／VSやMCSは、（とりわけ若者による）バイク事故のあと、あるいは脳に重度の損傷が及ぶ外傷を受けたあとでよく生じる。スキー中の事故で意識を失い植物状態に陥ったF1ドライバーのミハエル・シューマッハーを思い出されたい。同じことは、卒中、出血、腫瘍などの脳の損傷が原因で、高齢者にも起こり得る。脳がシャットダウンし、意識に通じるドアを閉じてしまうらしい。およそ五年間の昏睡状態を経て死去した元イスラエル首相のアリエル・シャロンが陥ったのも、この状態だった。

どうすれば、このような患者の意識レベルを回復させることができるのだろうか？　現在のところ、それを可能にする治療手段は存在しない。また、彼らが意識を失う理由や様態もわかっていない。そもそも意識とは、厳密には何を意味するのか？　どう定義すればよいのか？　ジョンとルーシーは、覚醒度があまりにも低いために、特定の心的コンテンツに意識を割り当てられない。それゆえ二人は、病院の廊下から響いてくる音や、彼らに話しかける人々の声など、外界からの刺激を意識的に経験できない状態に置かれている。そのことは、外界からの刺激に対して、動作や反応を示さない点に如実に見て取れる。

意識とは、人々、できごと、周囲の状況の知覚や名指しなど、コンテンツに関する何かである。それに加えて、私たちは自分自身を意識している。朝起きて鏡を覗き込むと、そこに自分自身がいることに気づく。つまり、昨日と同一の自分を確認するのだ。これは自己と呼ばれる。この自己の感覚、すなわち自己意識は神経科学者に難題を突きつける。彼らに観察可能なのは、脳とその神経活動だけである。脳には、自己の構造などというものは存在しない。脳の神経活動には、一見しただけでは自己に相当するものを見出せないが、それでも私たちは連続的な自己を経験する。どうやら自己は、神経学的に見ると存在しないのに、経験的には存在しているらしい。ジョンとルーシーについてはどうか？　意識の喪失は、自己の感覚の喪失をともなうのか？　それとも、意識を失っても自己の感覚は維持されるのか？　現時点では、その答えはわからない。

これらの患者が置かれている状態の基盤に関する差し迫った臨床的な問いに加え、「私たちの脳は、いかに意識や自己の感覚へと統合される心的特性を生むのか？」という、より根源的な問いが存在する。自己の感覚は、前述のとおり、とりわけ抑うつや統合失調症などの精神障害を発症すると変質する。うつ病患者は、罪、恥、失敗などに結びつく極端に否定的なあり方でのみ、自己の感覚を経験する。また統合失調症患者には、別の自己を経験する者もいる。たとえば彼らは、自分がイエス・キリストなどの偉人であると主張したりする。彼らの脳にいったい何が起こっているのか？

植物状態、抑うつ、統合失調症などの障害は、哲学者がおよそ二〇〇〇年にわたり論じてきた心の本性の問題をめぐって、さらに根本的な問いを提起する。脳の障害（disorder）は、心の秩序（order）の基盤をなすメカニズムを明らかにする。神経障害の探究は、臨床、神経科学、哲学が混交するあいまいな領域に私たちをいざなう。現時点では完全に明確なわけではないが、脳障害は心の秩序に関して、言い換えると脳神経の状態が、意識などの心の状態に変換される理由や仕組みに関して、何らかの手がかりを与えてくれるはずだ。

心は脳の内部に存在するのか？

古来、心は心臓や脳などの特定の器官に関連すると見なされてきた。たとえば、古代エジプト人は紀元前三〇〇〇年の頃から、当時の記述によれば脳の存在を知っていたにもかかわらず、心臓を心の宿る場所と見なしていた。のちの古代ギリシャでは、医師で哲学者のヒポクラテスが、脳の重要性について次のように論じた。

　脳、そして脳のみから快、喜び、笑い、さらには悲しみ、苦痛、嘆き、涙が生じるのだ。（……）それは、私たちを狂わせたり錯乱させたりもする。そして日夜恐れを吹き込み、不眠、不都合なミス、理由なき不安、放心、異常な行動をもたらす（Hippocrates, 2006; Jones, 1868）。

しかし、ヒポクラテスによる脳の強調にもかかわらず、プラトンやアリストテレスを含む古代ギリシャの哲学者は、心的特性を心や魂に結びつけた。ヨーロッパでは中世を通じて、さらには一六世紀に入っても、心は特殊な心的実体と結びつけて考えられていた。フランスの哲学者ルネ・デカルト（一五九六〜一六五〇）の考えでは、この心的実体は身体を構成する物質的な実体から区別されねばならなかった。しかし脳は二つの半球から成る。そのことは、デカルトも知っていた。ならば、私たちは二つの心を持つのか？ そんなはずはない。だからデカルトは、左右両半球には存在せず、どちらか一方の半球にしか存在しない脳の部位を探して、脳の中央部に位置する内分泌腺、松果体を発見した。そして心と身体は、この松果体によって結びついていると考えた (Descartes, Weissman, & Bluhm, 1996)。

デカルトは、「心はいかに定義されるのか？」「その存在と現実性《リアリティ》〔以下「existence and reality」は「実在」と訳す〕は、身体と脳から成る物質世界とどう関係しているのか？」などといった、心と脳の関係に関する現代的な問いの創始者と見なせるだろう。この問題、すなわち心と脳の関係に関する問題は、「心身問題」あるいは「心脳問題」と呼ばれる。

デカルト以来、この謎は哲学者や科学者のあいだで激しい論議を巻き起こしてきた。実験によって心の存在を証明しようとした者もいる。たとえば二〇世紀初頭、ボストンの医師ダンカン・マクドゥーガル (1907) は、心的実体という形態で心や魂が存在することを証明しようとして、自分の患者の、死の直前と直後の体重を量った。彼は、「心や魂は死後飛び去る」「心的実体としての心は、いくらかの重さを持つ」と想定していた。したがって、魂が飛び去った死後の身体の重さは生前より軽くなるはずだった。

事実マクドゥーガル医師は、二人の患者を調査して死後の体重のほうが軽いことを発見し、その差の要因を、魂とそれを構成する心的実体が飛び去ったことに帰した。それに対し、魂を持たないとされていたイヌには体重の変化は見られなかった。彼にとってこれらの結果は、心や魂が身体とは異なる心的実体から構成されることを示す十分な証拠になった。彼は実験の結果に基づいて、心の重さが二一グラムであると結論づけた。

現在では、心を物質的な重さで測ろうとするこの種の試みはばかげていると見なされる。しかし心に関する私たちの考えは、それとは大きく異なるとほんとうに言えるのか？　心の物質的な重さの調査は、現在では意識やその他の心的特性に特に関与している脳の領域やネットワークの探究に置き換えられている。たとえば、「大脳皮質正中内側部構造」と呼ばれる一連の脳領域は、自己に関わる内的思考に結びつけられることが多い。それに対し、視覚皮質、聴覚皮質などの感覚を司る脳領域は、環境から入力される外部刺激の処理に関連づけられる。かくして現在の脳の理解においても、内的思考や感覚処理のような心的特性が局在化され、脳機能の局在論が再浮上しているのだ。

マクドゥーガルが心の重さとして測ったものは、たとえば被験者が気ままに何かを考えたり内省したりしている最中に活性化された脳の領域やネットワークが、色とりどりの点《ドット》や斑点《スポット》として示される現代の脳スキャン画像によって再現されている。これらの点や斑点は、心を示しているのだろうか？　この問いに対し、神経科学者は「イエス」と、哲学者は「ノー」と答える。ならば心とはいったい何か？　意識、自己の感覚、情動的感情、アイデンティティ、自由意志などの特性は、心的なものであると、すなわち心に属すると、これまで長く考えられてきた。同様に私たちは、右手や左足を身体の付属物としてとらえている。したがってここでも、心をその兆候や構成要素、すなわちさまざまな心的特性によってとらえることにしよう。

では、これらの心的特性は、いったい何なのか？　この問いは、さらに別の問題を喚起する。というのも、心と脳の二元論が前提とされているからこそ、この問いの提起が必然的なものになるからだ。二元論においては、心と脳は異なった種類の実在によって特徴づけられねばならない。つまり、心の実在と、物質的な（脳の）実在によってである。この立場はデカルトにさかのぼり、現在でも心的な特性と物質的な特性のあいだの二元論を主張するコリン・マッギン（1991）らの哲学者によって支持されている。また、二元論のさまざまなオプションやバージョンについて議論することが、「心の哲学」と呼ばれる分野の焦点になっている。「心の哲学」という用語は、心や、意識、自由意志、自己などの心的特性の形而上学的な実在に関する議論を指す。

心の哲学は、哲学の下位分野のなかでも、もっとも重要で基本的な分野であると見なされることが多い。現代の著名な哲学者ジョン・R・サール（2004）は、それを「第一哲学」と呼ぶ。つまり、心に関する問いはもっとも重要な問いであるばかりでなく、存在に関する形而上学的な問いや、知識に関する認識論的な問いを含めた、他のほとんどあらゆる哲学的な問いの基礎をなすと、彼は考えているのだ。心は現代における真の謎である。私たちは心を持つのか？　それとも哲学者が「心」と呼ぶものは、脳の物質的な構造にすぎないのか？　哲学者はこの問題を何世紀にもわたり論じてきたが、本書はその議論には首を突っ込まず、脳自体と、安静時の脳活動に焦点を絞る。

脳と心のあいだ、すなわち神経系の特性と心的特性のあいだのギャップをいかに橋渡しできるのだろうか？　私は本書を通して、脳の安静状態と、その独自の空間／時間配置が、神経活動として観察される現象と、心的特性として経験されるものを橋渡しするという見方を展開していく。比喩的に脳の内的世界とも呼べる安静状態は、橋の一端と見なせる。また環境、すなわち絶えず変化する事象や刺激から構成される外部の世界は、橋のもう一端をなす。二つの終端が近づけば近づくほど、それらが架橋され、意識や自己の感覚などの心的特性が形成される可能性は高まる。端的に言えば、心的特性は環境と脳のあいだを結ぶ橋の構築の結果として生じるのだ。ジョンとルーシーの例において破壊されたものとは、まさにこの橋なのである。植物状態（や最小意識状態）に置かれた二人は、意識も、環境に対する気づきも、さらには内的世界から外界につながる橋も持ってはいない。

心の統一性vs脳の非統一性

哲学者は、観察結果や感覚的な知識に依拠せずに、何が存在し、何が現実なのかを論じる形而上学に強い関心を抱く。これまで多くの哲学者は、さまざまな心的特性を彼らが心（や魂）と呼ぶものの実在に結びつけてきた。重要な指摘をしておくと、心の実在は、身体やその他の身体的特徴の実在とは区別されてきた。ならば、心の実在は脳の実在とどう関係するのか？

デカルトは、心と身体をそれぞれ異なる実体を反映するものとしてとらえた。心を心的な実体として、また、身体を物質的な実体としてとらえたのだ。これらの実体は相互作用を及ぼし合うが、それにあたって脳が中心的な役割を果たす。このような彼の見方は、「相互作用する実体二元論（interactive substance dualism）」と呼ばれる（Descartes et al., 1996; Northoff, 2014b, 2014c, 2014d）。では、心と身体はいかにして相互作用を及ぼし合うのか？　デカルトは、身体と心が互いにもっとも接近する地点が脳であると考えた。具体的に言うと、身体と心は、脳室の下に存在する脳の小さな構造、松果体で相互作用を及ぼし合うと考えていた。なぜ松果体なのか？　デカルトは脳が二つの半球から成り、よって完全で包括的な統一体ではないことを知っていた。この脳の非統一性は、ここでは非常に重要である。というのも、それは心、とりわけ心的特性と好対照をなすからだ。私たちはたいがい、心的状態や意識を統一されたものと見なし、それらが脳のように二つの実体に分かれているとは考えない。

ならば、いかに脳の非統一性と心の統一性を調和させることができるのか？　デカルトは、両半球に二重に存在することのない脳構造を探す必要があると考えた。松果体は、この基準に合致する。したがって彼は、松果体が、統一的な性質を持つと想定される心や意識と脳のあいだの直接的な相互作用を可能にし、心と身体の落ち合う場所として機能していると考えたのだ。だが、心と身体という互いにまったく異なる二つの実体が、いかにして脳の構造である松果体の内部で相互作用し合えるのか？　なぜ、物理法則や因果関係に従わない非物質的な実体が、完全に物質的な実体と交換できるのだろうか？

　デカルトは、互いに根本的に性質が異なるはずの心と脳が結合し合うあり方をめぐって難題を抱えていた。心的な実体と物質的な実体という異なる二つの実体によって心と身体を特徴づける彼の方法は、「実体二元論」の格好の例をなす。また、脳の松果体における心と身体の直接的な相互作用という前提は、「相互作用二元論《インタラクティブ》」をとる彼の立場を明確に示す。

　デカルトが提起する心と脳が相互作用する実体二元論が、現代における心と脳の議論にとって重要である理由は何か？　心と身体／脳という彼の分類は、心と脳の関係をめぐる現代の議論を枠づける。意識などの心的機能の実在や、それと脳や脳神経の状態の関係を、私たちはいかに特徴づけられるのか？　前述のとおり、デイヴィッド・チャーマーズ（Chalmers, 1996）らの現代の哲学者は、「ハードプロブレム」について語る。なぜ非意識ではなく意識が存在するのか？　ｆＭＲＩを用いて脳の活動をスキャンしても、意識や自己を見ることはできないことを考えても、これはまったく謎めいている。脳内の何ものも、いかなる意識の痕跡も示さないのだ。一九世紀のドイツの哲学者アルトゥール・ショーペンハウアーは、「それは、まごうかたなき灰色のどろどろしたかたまり」にすぎないと言った（1818/1966a, 1819/1966b）。脳とその神経活動を視覚化する最新の高価な脳画像法をもってしても、このような脳の特徴づけは変わらぬ真実としてとらえられている。

　では、この「まごうかたなき灰色のどろどろしたかたまり」が、いかにして意識や自己の感覚などの複雑かつ多彩な現象を生み出すのか？　脳画像によって神経系の状態は客観的に観察できるが、心の状態は観察できない。逆に、意識などの心的特性は経験されるが、神経活動は経験されない。要するに、神経系の状態と心の状態は、個別にしか扱えないのである。どうやら溝が存在するようだ。神経活動が心的特性へと変換される方法を理解するためには、この溝を埋める必要がある。それにはどうすればよいのか？　この問いに答えるにあたり、まず脳に焦点を絞り、それが神経科学でどのように扱われているのかを検討してみよう。

外因的かつ認知的な脳の見方

脳とは正確には何なのか？　それはいかに機能するのか？　神経科学は一九世紀から二〇世紀への世紀の変わり目に誕生し、脳に関していくつかの見方を生んだ。イギリスの神経科学者サー・チャールズ・シェリントン（一八五七～一九五二）の見方は、外界からの刺激に所定の様式で自動的に反応する、機能面からすれば本質的に反射的な器官として脳をとらえた。彼の考えでは、脳の活動はほぼ完全に外部からの刺激によって決定づけられる。つまり、一瞬一瞬の環境の要求によって駆り立てられる。彼の弟子の一人であるT・グラハム・ブラウンは、「脳の活動は、脳内の内因的な活動によって駆り立てられる」とする、シェリントンとは反対の見方を提示した（「内因的な」とは、ある現象がその根拠、原因を自己自身のうちに持つことをいう）。ブラウンによれば、外部からの刺激は脳の活動そのものを引き起こすのではなく、継続中の内因的な活動を変えるのである。脳とその機能に関するこれら二つの対立する見方は、今日でも流通している。

このような対立は、機能的脳画像法を用いた研究で、最近になって再浮上しつつある（Raichle, 2010）。認知神経科学の研究者は、神経活動の変化を調査するために、特定の実験課題を設定し、それに結びついた刺激を用いる。そうすれば、外部からの認知刺激を脳の神経活動に関与させることができる。この種の一連の研究によって、脳の神経活動と外部からの刺激の緊密な結びつきを支持する見方が形成されたのだ。認知神経科学と、その最近の姉妹分野である感情神経科学と社会神経科学は、機能的脳画像法に大きく依拠し、したがって脳とその機能に関して外因的な見方を前提にしていると考えられる。その結果、脳の神経活動は外界からの認知刺激や要求によって決定されると見なされている。このように神経科学者は、感覚や運動の機能に関して脳を反射的な器官としてとらえるシェリントンの見方を、記憶や推論などの認知機能の領域にまで拡張して適用する。脳は、シェリントンの見方に示されているように感覚刺激に反応するのではなく、環境からの認知刺激や要求に受動的かつ自動的（反射的）に反応すると見なされるようになったのだ。このアプローチは、外因的かつ認知的な脳の見方と言えるだろう。図１・１ａはそれを図示したものである。

安静状態に基づく内因的な脳の見方

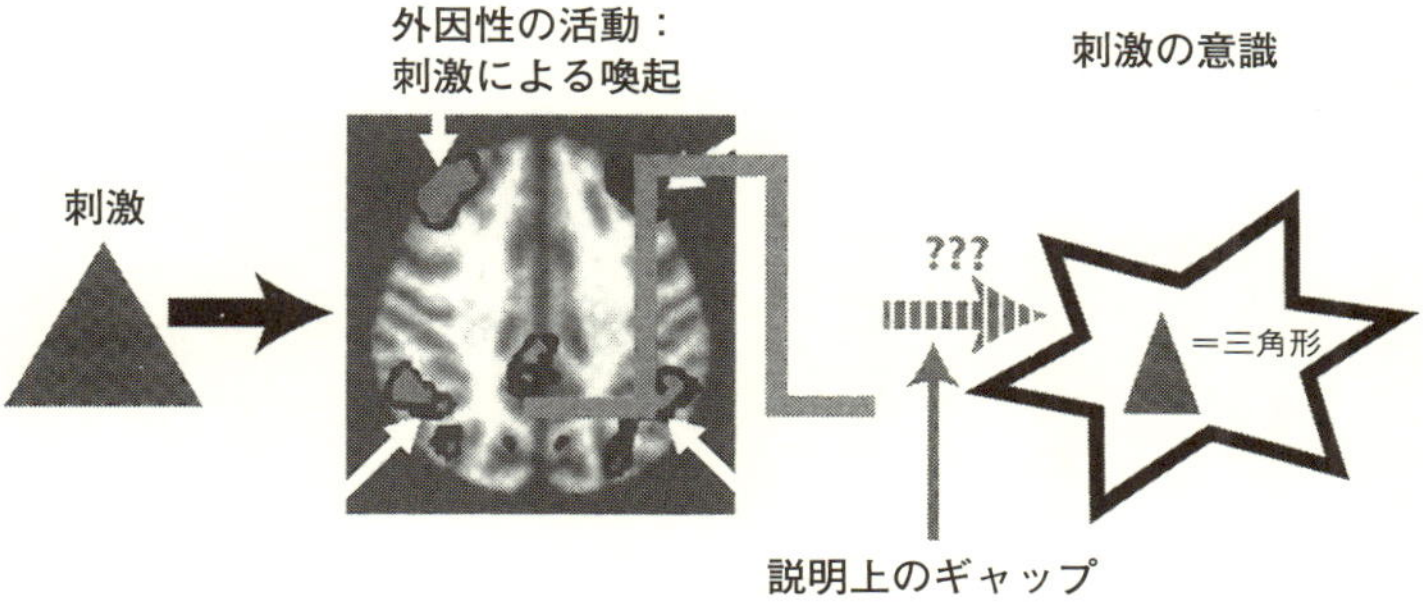

図1.1a

この外因的かつ認知的な脳の見方は、機能的脳画像法を用いた研究の成果が現われ始めると、異議が唱えられるようになってきた。レイクルらの研究（2001）によれば、脳は外部からの刺激によってのみならず（「刺激に喚起された活動」ばかりでなく）、休息しているときにも活動している。いかなる外部刺激も受けずにただ休んでいるだけでも活性化した状態にあり、安静時活動を高いレベルで維持しているのである。夜眠っているあいだでも、脳は実際には休んでいるわけではなく、夢によって活性化している。私たちにとっては、睡眠は休息である。これはおそらく、脳が眠らず決して休まないという事実に帰せられるのかもしれない。安静状態にあっても、脳に休みはない。安静状態が真の休息であったなら、ジョンとルーシーの例に見たような、いかなる心的特性もともなわない植物状態でさえも、「休息中」と言えることになる。

ならば脳は、われわれ科学者が逆説的にも「安静状態」

と呼ぶ休むことのない活動を、どのように維持しているのだろうか？　私たちの脳は、安静状態にあってもエネルギーを渇望している。脳は全体重の二パーセントを占めるにすぎないのに、安静時でも身体の用いる全酸素の二〇パーセントを消費している。酸素はあらゆる種類の神経活動に必要とされ、安静時における脳による酸素の大量消費は、そこで何か重要な現象が起こっていることを示唆する（Raichle, 2009, 2010）。植物状態に置かれている場合はどうか？　おそらくジョンとルーシーの脳においては、エネルギーを必要とする安静時脳活動を含め、神経活動を維持するためのエネルギーが単に不足しているのかもしれない。

安静状態の脳は、かくもばく大な量のエネルギーをいったい何に用いているのか？　外部刺激の処理には、利用可能なエネルギーのごく一部、二〜一〇パーセント程度を費やしているにすぎない。残りのエネルギーは何に使われているのだろうか？　その答えはまだわかっていない。高レベルの安静時脳活動を、刺激に喚起された活動の背景をなす単なるノイズと見なすこともできる。この場合、安静時脳活動は、公園でギターを弾いているときに周囲で吹いている風の音のように、何の機能も持たない。脳の機能にとって重要なのは、刺激に喚起された活動それ自体であるとされ、それこそが「本物」だと見なされる。では、単なるノイズのために、なぜ脳はかくも多量のエネルギーと労力を投入するのか？　ジョンとルーシーの脳は、十分なエネルギーを得られないために意識を形成する能力を失ったのだろうか？

安静時脳活動は、単なるノイズの生成以上の何かでなければならない（ただし、この「何か」

が実際に何であるのかはまだわかっていないが）。これが真実なら、安静時脳活動は刺激に喚起された活動に影響を及ぼし、後者は前者に依拠していなければならない。ならば、「安静状態と刺激の相互作用」と呼ばれるメカニズムが存在するはずだ（Northoff, Qin, & Nakao, 2010）。大雑把に言えば、「安静状態と刺激の相互作用」という概念は、外界から入力された刺激が、脳における内因的な継続活動と相互作用し合うメカニズムを指す。逆に言えば、脳の観点から見た場合には、この相互作用は、環境との遭遇を通して受け取った外部刺激によって引き起こされた神経活動の変化に、安静時活動が自らを刻印し影響を及ぼすあり方を意味する。よってたとえば、日常生活で二人の人間が相互交流しているとき、脳の安静状態が外部刺激と相互作用するあり方はその都度異なり、それに応じて得られる結果も変わってくる。

たとえば、知覚と、それによってとらえられる環境内の対象は、刺激が到達する直前に生じていた神経活動のレベルによってあらかじめ決定され抑制される。私たちは、同一の絵を人の顔か壺のいずれかとして知覚する〔同じ絵がタイミングによって人の顔に見えたり壺に見えたりする錯視（ルビンの壺）に言及している〕。絵を見る直前に視覚皮質の活動を調べてみれば、被験者が人の顔を見るのか壺を見るのかが予測できるだろう。ゆえに、何が知覚されるかは、提示されたもの（外部からの刺激）のみならず、脳の状態（安静時脳活動）にも依存する。図１・１ｂは、それを図示したものである。

安静時脳活動に関しては、現時点ではさまざまな問題が未解決のまま残されているが、それは

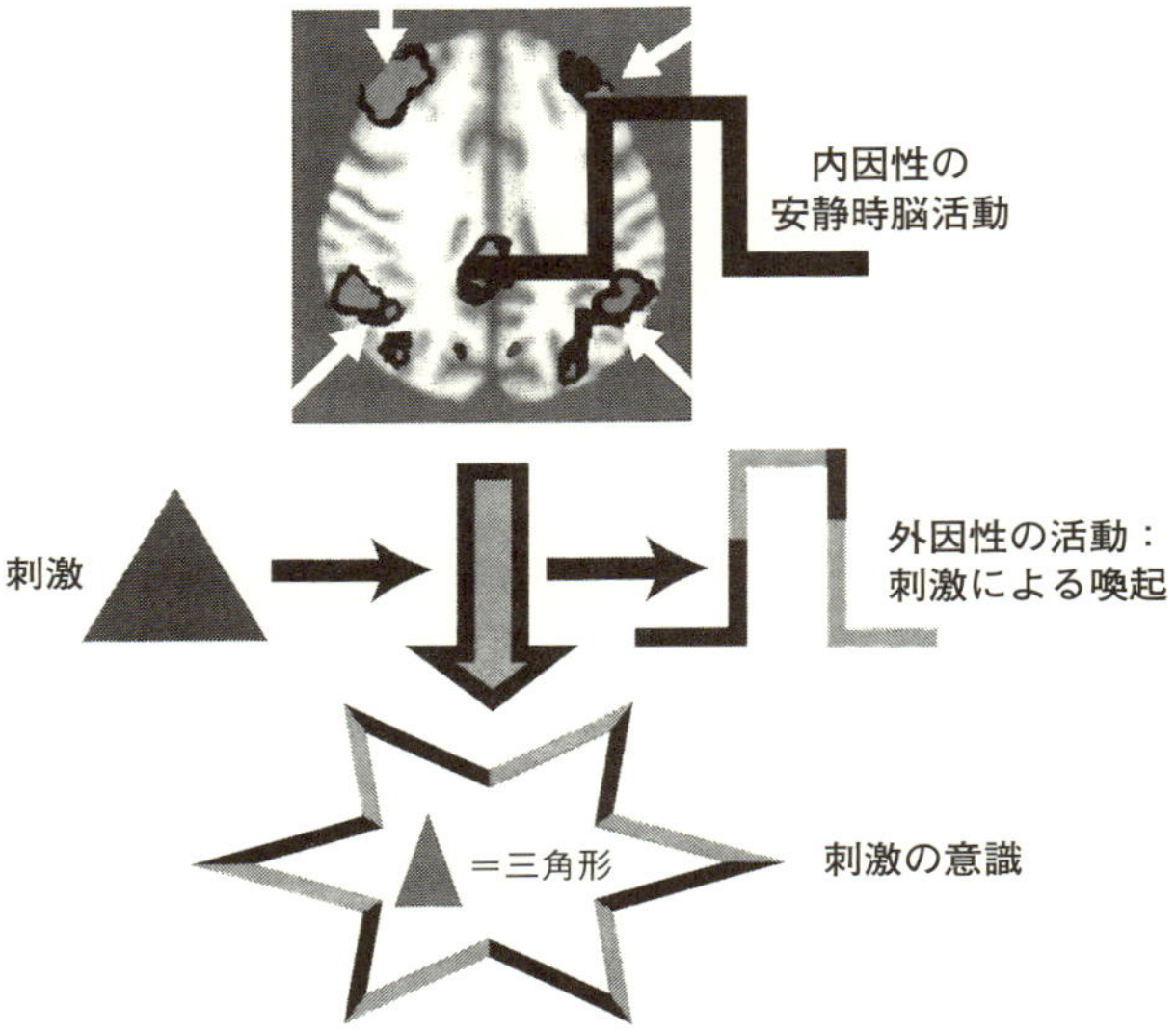

図1.1b

明らかに、認知神経科学を現在支配している外因的かつ認知的な脳の見方とは異なる観点を提示する。安静時脳活動は、身体にせよ、環境にせよ、脳の外部で生じるいかなる活動にもその起源をたどることができない、脳の内因的な活動なのである。この基本的な事実は、二〇世紀初頭にブラウンによって提起された説のような、脳とその機能の内因性を強調する見方の正しさを裏づける。

　この種の内因的な見方は、認知的な機能との結びつきに限定されるわけではない。内因性の脳活動が、刺激に喚起された活動に影響を及ぼすのなら、それは感覚、運動、認知、感情に関する機能を含めたあらゆる機能に影響を与えるだろう。ならば認知機能は、感覚機能のみならず、それ以上に内因性の脳活動である安静状態と、それと刺激の相互作用に依存するはずだ。したがって、認知神経科学における外因的かつ認知的な脳の見方は、安静状態を基盤とする内因的な見方に置き変えられる必要がある。

「データに依拠した場合、どちらの見方が妥当なのか？」「これら二つの見方を結びつけることは可能なのか？」「それが可能なら、実際にそうすべきか？」という問いに答えるには、今後の研究を待たねばならないが、いずれにせよこれらの問いは、現在では重要な研究テーマとして扱われている。安静時脳活動は、たとえて言えば、さまざまな家具（社会、認知、感情、感覚運動に関する機能）が置かれた床のようなものである。床がなければ、家具を部屋に持ち込むことはできない。同様に、安静状態がなければ、純粋に神経組織によって構成される脳という部屋には、いかなる心的特性も持ち込めない。では、なぜ、そしていかなる仕組みを通じて安静状態にはそれが可能なのか？

私たちは何を知っているのか？

意識はどこからやって来るのか？　冒頭の症例では、意識は自明ではないことを示した。ジョンとルーシーのように、私たちはいとも簡単に意識を失い得る。哲学者の手にかかると、意識は第一に心に帰せられる。「われ思う、ゆえにわれわれあり」というデカルトの有名な言葉は、意識をめぐる問題を提起する。（少なくともデカルトが生きていた時代には）思考は意識を意味していたので、彼はそれを「われ意識する、ゆえにわれわれあり」として定式化することもできただろう。そしてこの見方は、脳とは区別されるものとしての心の実在の想定へとデカルトを導いたことだろう。

意識は、古代ギリシャ以来、また、とりわけデカルト（Descartes et al., 1996）以後、哲学の中心テーマをなしてきた。そしてそれは、心の哲学に十全に反映されている。しかし、意識は心理学の主題としても取り上げられるようになった。それには、アメリカの心理学者ウィリアム・ジェイムズ（一八四二～一九一〇）が中心的な役割を果たした。ジェイムズは、（川の流れがボートの動きを生むように）主観的経験を構造化し形成する持続的な流れとして意識を特徴づけた。彼のこの見方は、二〇世紀初頭に、心理学における意識の実験的な研究を導いたのである。

ちょうどその頃、神経科学が誕生せんとしていた。しかし神経科学は意識ではなく、おもに感覚運動と、それに相関する神経学的な事象に焦点を絞っていた。意識は、あまりにも思索的なものと見なされ、（行動主義におけるように）存在しない、あるいは実験の対象にならないとして、主題として取り上げられなかったのだ。なぜか？　意識とは、その本質からして主観的なものである。それは私たちの主観的な経験、一人称的観点に関与し、他者と共有することができない。それは個人的なものであり、他者には観察できない。神経科学を含む科学は、三人称的な観点からの客観的な観察にその基盤を置くため、一人称的な観点からしかアクセスできない主観的特性を調査する能力を持たない。かくして今から数十年前までは、意識は方法論的な理由によって（また、ときに形而上学的な理由によって）、神経科学の分野では主題として扱われなかったのだ。

では、なぜ最近になって、意識という主題が神経科学の範疇に入るようになったのか？　一つの転機は、たとえば夢を見ている最中の脳の神経活動を記録するなど、主観的なプロセスの客観的な観察を可能にする、ポジトロン断層法（ＰＥＴ）やｆＭＲＩなどの機能的脳画像法の導入によって生じた。最近の二〇年間で、脳によって処理されながら意識されないコンテンツとは区別されるものとして、私たちが意識的に経験しているコンテンツを生み出すメカニズムを解明するために、あらゆる種類の巧妙な技法があみ出されてきた。たとえば、いくつかの研究では（概要はNorthoff 2014cの第18章と第19章を参照されたい）、パターンの識別のテストとして、偶然のレベルでしか反応できないほど見分けにくい配置や色で構成された、升目模様などの視覚刺激が被験者に提示されている。意識的に認知されていないにもかかわらず（行動レベルでは、そのことはランダムな反応によって示される）、刺激が与えられているあいだは神経活動に変化が見られ、この事実は、与えられた刺激が（無意識的なあり方で）処理されていることを示す。

もう一つの方法は、意識を喪失し無反応覚醒状態や植物状態に置かれた、ジョンやルーシーのような患者を調査研究することである。これらの状態に置かれた患者の脳の調査は、意識に関与する神経系のメカニズム、とりわけ意識が生じるのに必要な覚醒度に関して、さまざまな情報をもたらした。ジョンとルーシーの例に見たような、神経活動と心的特性をつなぐ橋の破壊は、道路や鉄道の橋の崩壊がその構造を明るみに出すのと同様、健常者において神経活動と心的特性の変換がいかに実行されているのかを教えてくれる。異常な状態は、正常な状態、すなわち橋が橋として機能するあり方と理由を明らかにする。具体的に言えば、その崩壊から構築までを、つまり不健康な脳から健康な脳までを説明する。本書では、神経系と心を結ぶ橋を理解するにあたり、この方針を採用する。

私たちは何を知らないのか？

緻密で巧妙な設計に基づく実験がさんざん行なわれてきたにもかかわらず、脳の神経活動から意識が生じる理由やあり方は、はっきりとはわかっていない。PET、fMRI、EEGが提供する色あざやかな脳画像は、意識の兆候を示す主観的な特性、つまりクオリア（「～であるとはどのようなことか」という経験的側面）や志向性（特定の心的コンテンツに焦点を絞ること）についてては何も教えてくれない。神経活動を介して生じる脳内の客観的な特性と、私たちが意識に結びつけてとらえている経験の主観的な特性のあいだには溝が存在する。哲学者は説明上のギャップについて語る。脳の神経活動に関する神経科学の説明は、意識やその主観的（現象的）な特性について何の情報も提供しない。たとえば、誰かの顔を見たときに得られる意識的な経験の内容を、脳の特定の領域やネットワークの神経活動に対応づけることは可能であろう。だが、脳の神経活動が、意識という主観的な特性をもたらす理由やあり方は現在のところわかっていない。

また、ジョンやルーシーが今後目覚めるか否かを予兆する脳神経の特性については何も知られていない。たとえば白血球や血糖のレベルは、感染や糖尿病からの回復が可能か否かを教えてくれる。しかし、植物状態に陥った無反応な脳には、それに対応する尺度は存在しない。植物状態に置かれた患者が将来目を覚ますか否かを予測するためには、どのような神経学的基準を用いればよいかは現在のところわかっていないのだ。しかし次章で検討するように、最新の研究成果には期待が持てる。次章では、その種の予測を可能にする尺度として、安静状態とその神経学的な特徴を取り上げる。安静時脳活動のレベルは、患者が目覚めるかどうかを予測するための手がかりを提供すると考えてもよいだろう。そのレベルが低すぎると、目覚める可能性もきわめて低くなる。

安静状態とその活動は、意識一般にとって非常に重要である。適正な安静状態に置かれていなければ、意識や、自己の感覚などのそれ以外の心的特性は生じ得ない。だから一休みして、さまざまな心的特性に対して持つ、脳の安静状態の重要性をよく考えてみよう。安静状態は、神経活動の心的特性への変換に関する問いに答えるにあたり、重要な意味を持つかもしれない。もしかすると安静状態には、意識に結びつく未知の神経学的特性が潜在しているのかもしれない。それは、建物の基礎には、家屋全体が自重を支えて立つことを可能にする土台や壁などの構造が含まれるのと同じことである。基礎が脆弱だと、家屋全体が倒壊する。家屋の基礎に関して言えることとは、脳の安静状態にも当てはまる。何らかの未知の神経学的な特性を基盤として、安静時脳活動は、刺激に喚起された純然たる神経系の活動を、意識や自己などの心的特性に割り当てることができる。家屋の基礎は単なる壁を一軒の家に変える。それと同様に、脳の安静状態は、単なる神経系の信号を心的活動、すなわち意識という家に変えるのである。本書は意識という家について、そしてそれが安静時脳活動の基盤のうえに構築されることについて、さらには後者の変化が前者にどのような影響を及ぼすのかについて解説する。

第２章

意識

神経活動と心の変換メカニズムとは何か？

ジョンとルーシーの例を思い出そう。二人は、さらに言えば二人の脳は、バイク事故のために植物状態（ジョン）や、最小意識状態（ルーシー）に陥った。ジョンは何の反応も動作も見せず、彼とはコミュニケーションをとれなかった。それに対し、ルーシーは反応、動作、コミュニケーションに関して最低限の兆候を見せた。外部から見ている私たちは、「二人は意識を失っている」と言う。しかし、彼らが正確に何を失ったのかをどうやって特定できるのだろうか？　私たちは二人が失ったものを、また、彼らの脳の何が問題なのかを決定できる。この情報は、純粋な神経系の状態を意識的な状態へと変える、健康な脳の神経メカニズムを明らかにする。本章では、神経活動から心への変換メカニズムを、植物状態におけるその欠如、あるいは最小意識状態（ＭＣＳ）におけるその最小限の残滓《ざんし》から学ぶことで明確化することに焦点を置く。

非活動的な意識と活動的な脳

臨床医は覚醒度によって意識のレベルを定義する。ジョンとルーシーの覚醒度はきわめて低いために、二人は経験や行動と呼べるような振舞いのきざしをまったく見せない。無反応覚醒状態／植物状態（UWS／VS）にある患者は目を開くことはできるが、前述のとおりいかなる外部刺激にも反応しない。昏睡状態の患者は目を閉じており、MCSの患者より意識のレベルが低いUWS／VSの患者と比べても意識のレベルが極端に低い。これは、週明けの退屈な会議で一分ほど居眠りをしているときに覚える感覚にも当てはまる。意識のレベルは夜間眠っているあいだは非常に低く、目覚めれば高まる。

意識のレベルが低いと、意識が欠落しているように思える。しかし、イギリス系カナダ人の研究者エイドリアン・オーウェンと、ベルギー人の同僚スティーブン・ローリーズは、意識の欠落が脳の活動を妨げるわけではないことを示した（Monti et al., 2010; Owen et al., 2006）。二人は、ジョンとルーシーの症例（第1章参照）に類似する、無反応な植物状態に置かれた患者を調査している。彼らは環境に対してまったく反応を示さず、意識がないと見なされた。このタイプのVSは、バイク事故などによる外傷や脳損傷のあとで目覚めたときに起こる。

オーウェンとローリーズは、これらの患者に何をしたのか？　患者をfMRI装置に寝かせ、テニスをしているところか、自宅の内部を歩き回っているところを想像するよう、画面を通じて指示を出したのである。健常者の場合、これらの課題を遂行するあいだ、テニスの実行に関与する脳領域の感覚運動皮質、もしくは屋内の巡回に関与する脳領域の頭頂皮質と海馬が活性化した。

ジョンやルーシーのような植物状態の患者はどうだろうか？　無反応で意識がないように見えるにもかかわらず、（画面を通じて）これらの課題を遂行するよう指示すると、正常な被験者と同じ脳領域が活性化した。この発見は他の研究でも再現されている。場合によっては、患者はテニスのプレイを「イエス」に、屋内の巡回を「ノー」に結びつけることで、特定の質問に対して答えを示すことができた。この結果から意識について何がわかるのか？　まず、VS患者には認知能力を保っている者もいることがわかる。だがそれは、これらの患者には意識があることを意味するのだろうか？　VS患者が、脳の対応する領域を活性化してこれらの想像課題の遂行を可能にする、意識の残滓を保持しているのか否かに関しては、現在さまざまな論争がなされている。

ジョンやルーシーのようなVS患者においても、認知機能が働いていることは否定できない。なぜなら、想像課題を行なっている最中に生じる神経活動に、その事実が反映されているからだ。だが、この神経系の活性化はほんとうに意識の存在を意味するのか？　指示に従うには（そして実験で観察されたもののような活動を起こすには）、ある程度の意識が必要とされるという理由で、そうだと考える者も多い。とはいえ、エイドリアン・オーウェンが脳画像に見出した神経活動のパターンは、患者が認識したか否かに関係なく、刺激それ自体によって引き起こされたものである可能性も考えられる。認知プロセスは、意識がなくても生じるのかもしれない。事実この可能性は、「（前述のような視覚・空間的課題や、運動感覚的想像課題を行なっている最中に生じた）刺激に喚起された活動の度合いは、臨床的に測定された意識のレベルを予測しない」という事実によって実験的に裏づけられている。

自己も植物的なのか？

この研究結果は、刺激に喚起された活動を意識から分離できることを意味するのか？ 屋内の巡回の想像と、それを可能にする神経活動は無意識的に生じるのだろうか？ その答えが「イエス」なら、屋内の巡回を想像する能力は意識を前提にしないことになる。だがそれは、意識とは切り離された自己が存在し得ることを示唆するのか？

われわれの研究グループは、数人のVS患者を対象に研究を行なった（Huang, Dai, et al., 2014; Huang, Wang, et al., 2014; Huang, Zhang, Wu, & Northoff, 2014; Qin & Northoff, 2011）。オーウェンとローリーズのように単なる認知刺激を与えるのではなく（Monti et al., 2010; Owen et al., 2006）、脳の活動を喚起するために患者の名前や自伝的なできごとなどの自己特定的な刺激を用いた。たとえば、ジョンにバイクに対する愛着について尋ねるなどといったように。驚くべきことに、VS患者は自己特定的な刺激と自己非特定的な刺激を識別することができ、そのことは、とりわけ脳の正中線に沿った諸領域〔以下、正中線領域と訳す〕の神経活動によって示された。これらの脳領域は脳の中央部に位置し、自己特定的な刺激の処理に特別な役割を果たしているらしい（それに関しては第8章で詳しく述べる）。注目すべきは、認知刺激を用いた他の研究とは異なり、この実験では自己特定的な刺激に関連する活動の度合いが意識のレベルを予測したことである。つまり自己特定的な刺激と自己非特定的な刺激のあいだで神経活動の差異が大きければ大きいほど、それだけその患者の意識のレベルは高かったのだ。

こうしてみると、自己特定的な活動は、心的な意味でも臨床的な意味でも特別なものだと言える。心的な意味では、自己特定的な活動は自己の感覚の形成、言い換えると自分がつねに同一人であると感じさせる経験に重要な役割を果たしていると考えられる。また、それは実際の意識のレベルを示し、回復の可能性を予示する点において、臨床的に意味のある何らかのあり方で意識と結びついていると見なせる。

自己や自己特定性が、意識の維持に特別な役割を果たしているのだろうか？　その答えは現在のところわかっていない。デカルトやネーゲルらの古今の哲学者たちは、意識には自己が重要であると仮定した。意識は、自己や主観なくしては存在し得ない。意識を経験する自己や主観がまず存在しなければならず、それらを欠いてはいかなる経験もあり得ない。そう彼らは主張する。UWS／VS患者を対象とした研究で得られたわれわれの発見は、この考えを支持するだろうか？　その問いに答える前に、健常者とUWS／VS患者の両方を対象に行なわれた研究で得られた、自己意識に関する神経学的発見を検討しつつ、自己、意識、自己意識の概念に関して、より慎重な哲学的探究を行なう必要がある。

VS患者を対象とした研究は、意識と自己の関係について興味深い問いを提起する。それについては、本章でおいおい検討していく。なぜ、そしていかなる仕組みを通じて、自己特定的な刺激は、自己非特定的な刺激に比べて患者の脳内で、より効率的に処理されるのか？　脳のどこかに自己が埋め込まれているのか？　それに答えるには、脳はいかにして、自己特定的な刺激や自己非特定的な刺激などのコンテンツに意識を割り当てているのかという問いにまず答える必要がある。かくして私たちは、意識のレベルに加え、意識の第二の次元、すなわちそのコンテンツについて検討する必要がある。

意識の主観的な性質

誰もが、意識があるとはどのようなことかを知っている。目覚めている最中は、誰もが意識を持続的に経験している。たとえば本書を読んでいるとき、単語、文、意味など、そこに書かれている内容を意識している。あなたは意識あるモードで本書を知覚し、一見すると平凡な書き出しにフラストレーションを覚えたり怒りを感じたりしているかもしれない。そして自分の思考や認識を意識して、ここに書かれている定義を論駁《ろんばく》したり、もっと興味深い探究に目を向けたくなったりしたかもしれない。つまるところ、自己（このケースでは本書を読んでいる自己）でさえ意識にのぼり、自己意識と呼ばれるものを形成するのである。

意識は人間に見出せるごく基本的な現象であるがゆえに、いかなる定義も瑣末に思える。しかし意識がいかに生じるかを理解するためには、まず探究の目標を明確化しておかねばならない。さもなければ、指針すら得られないだろう。

意識とはいったい何か？　ここで暫定的な定義をしておこう。哲学者のトマス・ネーゲル(1974)は、「〜であるとはどのようなことか」という性質を持つものとして意識を定義した。「〜であるとはどのようなことか」という概念は意識による経験を表現し、意識には特定の質、すなわちクオリアと呼ばれる現象的、質的な感覚がともなうと考える。この感覚によって私たちは、たとえば赤色をした本のカバーの赤さを、そしてタイトル文字の赤のクオリアを感じるのである。本を目にしたとき、あなたは三人称的観点から赤い色を認知し観察しているだけかもしれない。その場合、あなたは特定の質を経験しているのではなく、赤は純粋に量的なものだ。しかし、三人称的観点から一人称的観点に視点を切り替えると、事態は変わって見えてくる。色を自己の一部として経験し、カバーが与える赤さの感覚を経験するようになるのだ。このようなケースを指して、哲学者たちは「クオリア」と言う。このため、現象的、質的な感覚たるクオリアは経験の、そしてそれゆえ意識の指標と見なされなければならない。

あなたはチョコレートが好きだったとしよう。店の棚にチョコレートを見つけて、食べたいという欲求が湧き上がってくる。そこで見つけたチョコレートを買って、少しずつかじり始める。あなたは満足感を覚える。とりわけあなたは苦いチョコレートが好きだ。だから、チョコレートの苦さをじっくりと味わう。これは、あなたの主観的経験である。チョコレートの苦さを味わう経験は、チョコレートの客観的な特性をはるかに超える。苦さは、客観的な苦みの成分を含有するチョコレートに対する主観的な経験なのである。あなたは苦いチョコレートがとても好きなので、チョコレート自体に客観的に含まれる（あなたの嗜好とは独立した）苦みよりはるかに強く、一人称的な観点から主観的な苦さを経験する。かくして、あなたにとってチョコレートの苦さを味わい経験することには、「どのようなことなのか」という質的な側面が存在するのである。

この意味において意識は、客観的、公共的ではなく、主観的、個人的なものと言える。その主観的で個人的な性質により、意識は他者には観察し得ない。また、脳内に観察することもできない。そこに見られるのは神経活動であって、クオリアや経験ではないのだから。脳における神経活動の変化の観察は、それに関していくらかの手がかりを与えてはくれるが、それ自体は意識を持たない神経活動が、いつ、いかに、そしてなぜ意識的な状態に変換されるのかについて教えてくれはしない。こうして再び、古くからの問題が戻ってくる。神経活動から心への変換の探究は、なぜ、そしていかに神経系の状態が意識のコンテンツを生むのかという問いに要約されるのである。

意識的なコンテンツと無意識的なコンテンツ

ならば、神経科学者はいかに意識を研究すればよいのか？　一つの出発点は、意識のコンテンツに着目することである。たとえば、目の前に置かれた本と、その赤いタイトル文字を意識しているとする。したがって、この本は現象内容とも呼ばれる意識のコンテンツを構成する。意識はつねにコンテンツを持ち、それにはできごと、人、環境内の事物などが含まれる。またそれは、自らの思考や、想像上の場面から構成される場合もある。それには眠っているあいだに夢に見た人、事物、できごとなども含まれる。第1章の例で言えば、事故を起こす前のジョンが、ルーシーとの初めてのバイクツーリングを思い描いたのも、この想像上の場面に該当する。

現象内容は、意識の中心的な要素と見なされなければならない。意識を失ったジョンとルーシーは、もはや何も経験していないように見える。脳が現象内容へのアクセスを提供しなくなったために、二人はもはやいかなる現象内容をも持てなくなったのだ。現象内容を経験しなくなると、その人は無反応になり、いかなる行動も示さなくなる。だから二人は、無反応性によって特徴づけられる植物状態に置かれているのである。

かくして神経科学者は、調査の出発点に現象内容を据え、意識されているコンテンツと無意識のうちに留まるコンテンツの神経学的な差異を調査できる。この差異をいかに説明できるのだろうか？　無意識のうちに留まるコンテンツは、それでも行動に影響を及ぼし得る。たとえば子どもの頃に橋から落ちて右足を骨折した経験があるために、あなたは現在でもなるべく橋を渡らないようにしているとしよう。そして、過去の苦いできごとが、森を通るあの道を行くことを忌避させている事実に気づいていないとする。しかし、この無意識のうちに留まるコンテンツが意識化され、橋を渡るのを忌避させている要因が過去の経験にあるという認識に至ることは当然あり得る。もう一つ例をあげよう。ジョンは、植物状態から回復しても、自分には理由は不明ながらバイクに絶対に乗らないようにするだろう。

これらの例は、できごとにしろ、人物にしろ、事物にしろ、同じコンテンツが、主観的な経験をともなう意識モードでも、ともなわない無意識モードでも提示され得ることを示す。意識モードと無意識モードにおける神経活動の相違は、意識に関連するはずだ。われわれ神経科学者が目指しているのは、マクドゥーガルの二一グラムの魂よりも正確な測定基準を見出すことである。以後、「意識の神経相関（neural correlates of consciousness）」とある箇所は、この神経活動の相違を意味する。意識されたコンテンツは何に由来するのか？　また、その神経相関は何か？意識されたコンテンツは、感覚刺激と脳の感覚処理に由来すると考えたくなるだろう。たとえば、色は脳の視覚システムによって、またチョコレートは味覚システムや嗅覚システムによって処理される。ならば、意識とそのコンテンツは、脳の感覚機能の産物にすぎないのか？　事実、デイヴィッド・ヒュームらのかつての哲学者や、現代の哲学者、神経科学者の多くは、意識されたコンテンツが脳の感覚機能に由来すると想定している。しかしこれらの感覚機能は、たとえば赤い色に関連する刺激や、チョコレートの外観、舌触り、味などの感覚内容それ自体の処理を実行するのみである。つまり感覚処理そのものは、感覚内容の意識的な経験に結びついてそれを特徴づける「～であるとはどのようなことか」という、とりわけ主観的な構成要素を生みはしない。したがって、意識の神経相関の説明には、感覚処理とは別の神経処理が必要になる。次にこの神経処理、すなわち意識の神経相関に関する古今の理論をいくつか検討しよう。

コンテンツの循環的な処理

ジェラルド・エーデルマンは、免疫系のメカニズムに関する発見によりノーベル生理学・医学賞を受賞したアメリカの神経科学者である。免疫系は、外来の危険な物質から身体を守る生化学物質を生産する役割を担う。彼は免疫系の規則を発見したあと、フランシス・クリック（DNAの二重らせん構造の発見者の一人）のように、意識の神経コードの解明を目指して脳の研究へと転じた（Edelman, 2003, 2005）。エーデルマンは、脳の神経組織内における循環性や循環処理が意識には重要だと考えた。循環処理とは、同一の刺激が繰り返し処理され、それを通して他の刺激とともに練り上げられ統合される、いくつかの周期から成る一連の処理をいう。とりわけそれは、ある領域に端を発した神経活動が、フィードバック回路内の他の領域をループしたり循環したりしたあとで、再度もとの領域に回帰することを指す。

エーデルマンの理論を理解しやすくするために、複数の脳領域が関与する視覚刺激の循環処理を取り上げよう。一次視覚皮質（V1）は、視覚刺激が脳の皮質に入る際の入口をなす。V1における最初の神経活動は、フィードフォワード結合を通して下側頭皮質（IT）などの、より高次の領域に伝えられる。これらの高次領域は、入力された刺激を他の視覚刺激に結びつけるなど、より複雑な処理を行なう。そこから刺激は皮質下の領域、視床に伝えられ、さらに視床はV1や他の皮質領域に情報を戻す。このルートは視床皮質再入連絡と呼ばれ、脳のさまざまな領域が関与する循環プロセスをなす。

この循環プロセスのどこで意識が生じるのか？　エーデルマンの説によれば、これら諸領域における刺激の循環処理が意識の割り当てを可能にしている。しかし、その種の循環的なフィードバック処理によって、純粋な神経活動に意識（心的特性）が付与される理由や仕組みははっきりとはわかっていない。私たちは、このフィードバック循環をいかに経験しているのか？　それは意識とどう関連するのか？　公園で遊んでいるときに、小さな動物が近づいてくるのを見たとしよう。だがあなたには、その動物がイヌなのかネコなのかがよくわからない。数ミリ秒後、同じ光景を今度ははっきりと見て、それがネコであることに気づく。それから、このはぐれネコを自分が飼っているネコと比べて、「あれは私の飼いネコなのか？」「わが家から抜け出してきたのだろうか？」「玄関のドアを閉め忘れたのか？」と心配になる。

あなたが最初に認知した動物の毛と、それに引き続きネコと同定したこの一匹の動物は、それぞれ異なる独自の文脈のもとに置かれている。そのために、「この動物はネコである」という認識にともなう神経活動は他の脳領域に再入力される必要があり、さらにその領域では毛むくじゃらの動物に対する知覚が最初に生じた際に活性化した脳領域にフィードバック情報を送り返す。

この理論に照らすと、ジョンとルーシーは、その種の再入やフィードバックループをもはや維持していないと考えられる。彼らの場合、コンテンツは処理されても、異なる文脈に再入することがないのである。コンテンツは一度か二度処理されるのみで、意識を持つ脳におけるように何度も処理されることがない。その種のフィードバック処理や再入処理に関して実験による直接的な証拠は得られていないが、たとえば脳内の刺激の電気的な痕跡を、EEGを用いて追跡するなどの間接的な測定手段を用いることで、この説に有利なデータが得られている (Northoff 2014c, Chapters 18 and 19)。

コンテンツと情報の統合

エーデルマンのフィードバック回路は何のために存在するのか? 情報を統合するためである。イタリアの研究者でかつてのエーデルマンの生徒の一人ジュリオ・トノーニ (2012; Tononi & Koch, 2015) は、この概念に基づき、意識の生成において中心的な役割を果たす神経メカニズムとして情報の統合をあげる。彼は、自身が「統合情報理論 (IIT)」と呼ぶ理論を提唱する。それによれば、意識の生成には脳内で情報が結びつけられ統合される度合いが重要な意味を持つ。情報の統合は、さまざまな脳領域の神経活動のあいだに機能的な結合を確立することで達成される。これら領域間の機能的な結合の強化は、より多種類の情報を互いに結びつけ統合することを可能にする。それに対し、脳領域間の機能的な結合が遮断されたり、その度合いが低下したりすると、関連する領域に端を発する情報は統合されなくなる。トノーニの考えでは、情報統合の度合いが低いと意識の維持は不可能になるのだ。

トノーニは、いかにしてこの結論に至ったのか？　彼は、植物状態などの意識の障害、あるいは睡眠中に自然に生じるさまざまな意識の状態（とりわけノンレム睡眠）や、麻酔によって意図的に覚醒度を下げられた意識を調査した。これらの状態はすべて、原因は異なっていても、意識の低下、もしくは喪失によって特徴づけられる。その結果、次のことがわかった。意識喪失の原因が異なるにもかかわらず、脳全体にわたって、そしてとりわけ視床皮質再入連絡に機能的な結合の低下が見られた。かくして被験者は全員、情報統合の低下を示したのである。トノーニは、この現象が意識の低下において中心的な役割を果たしていると考える（概要はTononi, 2012を参照されたい）。

では、なぜ視床皮質再入連絡が、意識にとってかくも重要なのか？　この結合は、起源やコンテンツに関係なく、あらゆる種類の刺激を処理する。トノーニによれば、それは脳が特定のクオリアを生むことを可能にし、それに種々のコンテンツが結びつけられ、かくして意識が生じる。そのようなクオリアは、先の例を用いると、お気に入りのチョコレートを食べたときに感じる苦さや、赤いタイトル文字を目にしたときに経験する赤さから構成される。こうして、ネーゲルが「～であるとはどのようなことか」として言及する性質は、脳内の情報統合として神経学的に説明できる。

それに対し、機能的な結合、すなわち視床皮質再入連絡が完全に遮断されたり、その強度が減退したりすると、もはやコンテンツはクオリアに結びつけられなくなる。その結果、特定の質、つまりクオリアを付与することができなくなり、コンテンツが意識を獲得することもなくなる。あなたの目の前にある本のカバーの赤さは、もはや現象内容を構成しなくなるのだ。この状況では、それに対する経験は生じず、よって意識も生まれない。

ネコの例に戻ろう。この例における各ステップは、異なるタイプの情報を統合する。最初にあなたは毛の存在を知覚し、次にその情報を特定の形状、つまりイヌとは異なるものとしてのネコの形状と統合する。さらにこのネコと自分の飼いネコを比較し、これら二匹のネコに関する情報を統合する。それから、玄関のドアを閉め忘れた可能性を考慮し始めたとき、飼いネコに関する情報と自宅に関する情報が統合される。このように、このシナリオでは多数の統合が生じている。トノーニは、このような多種類の情報の統合が意識を可能にすると論じる。この観点からすると、ジョンとルーシーは、脳損傷によって、さまざまなタイプの情報を統合する脳の能力が失われたときに意識を喪失したと見なせる。

意識のコンテンツの広域化

バース（2005）やドゥアンヌ（Dehaene & Changeux, 2011; Dehaene, Charles, King, & Marti, 2014）らの神経科学者も、「意識の神経相関」に関する問いに答えようとしている。彼らは、意識の生成において中心的な役割を果たす、「グローバルワークスペース」内の多数の脳領域で生じる神経活動の広域的な分布について論じる。彼らの主張によれば、個々の刺激や、感覚皮質などの特定の脳領域における、刺激の局所的な処理によって意識を説明することはできない。意識が可能になるには、局所的な処理を超えた何らかの事象が脳内で生じなければならないのである。「何らかの事象」とは、情報とその内容が、意識に結びつけられるよう脳全体にわたり広域的に分配されることを指す。バースやドゥアンヌによれば、脳全体ではなく特定の領域内で局地的にのみ情報が処理される場合、その情報は意識に結びつかない。

したがって無意識と意識の主要な区別は、神経活動の局所的な分布と広域的な分布の差異として現われる。それゆえに神経活動の広域的な分布は意識の生成の十分条件をなし、したがって意識の神経相関と見なし得る。ドゥアンヌとシャンジュー（2011）は、「グローバル・ニューロナル・ワークスペース理論」と呼ばれる理論を提起している。このワークスペースには、（視覚皮質などの）特定の感覚刺激を処理する部位に限定されない、一連の脳領域が関与する。同時にこれらの脳領域は、脳内の他のすべての領域やネットワークに結合していなければならない。彼らは、そのような領域を前頭前野と頭頂葉のネットワークに見出し、前頭前野と頭頂葉の結合が刺激の処理に動員されることで、その刺激の広域的な処理、ひいてはそれに対する意識の割り当てが可能になると考える。

だが、前頭前野／頭頂葉ネットワークは、いかにして刺激に意識を割り当てているのか？　刺激は最初に、特定の感覚野で局所的に処理される。本のタイトル文字の赤い色などの視覚刺激は視覚皮質で、また、チョコレートの味は味覚皮質や嗅覚皮質で処理される。しかし、処理はそこで終わるわけではない。刺激は他の脳領域でも処理され、最終的には前頭前皮質や頭頂皮質に達することもある。刺激がこれらの皮質に届いた場合、そこで何らかの活動が引き起こされるかもしれないし、されないかもしれない。その決定権は、これらの皮質が握っている。刺激の処理に対して門戸を開くかもしれないし、逆に閉じるかもしれない。ここでいう「門戸」は、前頭前野や頭頂葉のネットワークにおける安静時脳活動の活動レベルで構成される。活動が過剰なときは刺激を処理できず、前頭前野／頭頂葉の門戸は閉じられる。これは、意識のドアが刺激に対して開かれないことを意味する。逆に前頭前野／頭頂葉の活動が適正なときには、刺激は活動の変化を引き起こし、広域的に処理され、それゆえ意識に関係づけられる。このように前頭前野／頭頂葉のネットワークは、局所的に処理されている刺激を、脳全体に広域化できるか否かを「決める」門番として機能する。この意味での広域化は意識（言い換えると現象化）に至る。また、その喪失は意識の喪失に結果し、刺激の無意識的、もしくは前意識的な処理が生じる。

ネコの例ではどうだろう？　「ネコ」と「毛」は、自宅という文脈に結びつけられ統合される際に広域化する。結びつけられるコンテンツの範囲は次第に拡大し、最終的にグローバルワークスペースに統合され、そこですべてのコンテンツが集められる。グローバルワークスペースへと統合される瞬間は、料理にたとえると、すべての具材を鍋に入れるタイミングにも準《なぞ》らえられる。ジョンとルーシーは、個々の具材なら依然として処理できるように思われるが、二人の脳は明らかに、すべての具材を混ぜて煮るための鍋、つまりグローバルワークスペースを備えていない。事実このシナリオは、VS患者における前頭前野／頭頂葉ネットワークの活動の低下を報告する研究によって裏づけられる。VS患者の前頭前野／頭頂葉グローバル・ニューロナル・ワークスペースは、外部からの刺激を処理するにあたり、もはや適切に活性化され動員されることがないと言ってもよいだろう。

安静状態における意識のレベル

脳内の何が、一つの刺激に対してグローバルワークスペースを含めた数々の脳領域やネットワークへのアクセス権を付与しているのか？　デカルトらのかつての哲学者たちは、（たとえば前述したように松果体などで）心が脳と相互作用を及ぼし合い、どの刺激が脳へアクセスするかを「決定」すると考えていた。デカルトの考えを継承する一九世紀ドイツの哲学者イマニュエル・カントや、ショーン・ギャラガー（2005）、ダン・ザハヴィ（2005）らは、脳に対する刺激のアクセスを許可したり阻止したりする、身体に密接に関わる（Gallagher, 2005）自己や主観の存在を想定する。現在では、脳とは切り離された心、自己、主観は存在しないことを示す証拠が数多く得られている。環境からの刺激を適切に処理することを許可したり妨げたりしているのは、脳自体、より具体的に言えばその内因性の活動なのである。したがって、この内因性の脳活動が、意識の有無を決定するのに絶対的な役割を担っているのだ。

では、内因性の脳活動は、この決定をいかに下しているのか？　ジョンとルーシーの例に戻ろう。われわれはＶＳ患者を対象に、前述した自己特定的な刺激に対する反応の他に、安静時脳活動も調査した（Huang, Dai, et al., 2014）。そして、前回の研究と同様に機能的結合の低下を検出し、さらに新たな発見として安静時脳活動の変動性の低下を見出した。「機能的結合」という言葉は、さまざまな領域が交換し合うための脳の「ハイウェイ」を指す。ＶＳ患者では、このハイウェイの機能は低下している。変動性は活動の大きさの変化の度合い（いわば交通量と一日におけるその変化）に関係する。植物状態に置かれていると、活動の大きさ（交通量）はあまり変わらず、時間が経過しても一定のレベルを維持する。かくして安静時脳活動は変動性を失う。これはまた、脳が新たな刺激に反応して活動レベルを調節する能力を失うことをも意味する。

あなたは英単語を五つしか知らなかったとしよう。この語彙の貧しさは、他者に対する柔軟で適切な反応を困難にする。植物状態もそれと同じだ。安静時脳活動の変動性が低下し、さまざまな刺激に柔軟に反応することが、不可能ではないとしても困難になる。まして、それらに意識を割り当てることなどとうてい無理になる。

重要な指摘をしておくと、われわれの研究では、正中線領域における安静時活動の変動性の低下は、ＶＳ患者の自己特定的な活動の程度、ひいては意識のレベルを予測した。安静時脳活動が変動性を失うと、それは外部からの刺激と自らを関連づけられなくなり、自己特定的な活動は減退する。刺激と安静状態の関連（つまり自己特定性）が低下すると、その刺激は意識の特定のレベルに結びつけられたり、割り当てられたりされなくなる。要するに、安静時脳活動と、とりわけその変動性の程度が、意識のレベルに影響を及ぼすのである。ただしこの影響は、直接的にではなく、刺激や課題によって喚起された活動を通して及ぼされる。

われわれの発見の意義をより形式的に言うと次のようになる。安静時脳活動は、意識のレベルの決定に関して十分条件（神経相関）をなすとは言えないかもしれない。だが、神経的な素因を構成する。神経相関という言い方をするなら、それは安静状態そのものが意識のレベルに直接相関することを意味することになろう。ところがわれわれは、安静時脳活動と意識のレベルのあいだには直接的な相関関係を見出すことができなかった。だがその代わり、安静状態の変動性が自己特定的な活動の程度に相関し、意識のレベルを予示することを発見した。この結果から、安静状態は自己特定性の仲介により、意識のレベルに間接的に関与すると見なせる。安静状態の変動性が高ければ高いほど、自己特定性、さらには意識のレベルもそれだけ高くなる。安静状態なくして自己特定性はなく、自己特定性なくして意識はない。こうしてみると、安静状態とその変動性は、意識のレベルの決定において十分条件ではないとしても必要条件をなすと考えられる。つまり、これは意識の神経相関ではなく、意識の神経素因（neural predisposition of consciousness）であり、意識を引き起こすのではなく、これから生じる意識のレベルの下地となるのである。

では、意識の神経素因となり、意識の生成を可能にする安静時脳活動の特性とはいかなるものか？　いかにして安静状態は、そのコンテンツに特定の意識のレベルを割り当てるのか？　こうした問いは、安静状態と刺激の相互作用の基盤をなすメカニズムの何たるかを問う。安静状態は、刺激が意識に結びつけられるようなあり方で、刺激に反応することを可能にする何らかの性質を持たなければならない。次節ではこのプロセスを検討しよう。

安静状態と刺激の相互作用、そして意識

安静状態と刺激の相互作用は、いかに意識と関係しているのだろうか？　神経学者アンドレアス・クラインシュミットら、ドイツとフランスの神経科学者から成る研究グループは、「双安定性知覚」と呼ばれる現象を研究している（概要はSadaghiani, Hesselman, Friston, & Kleinschmidt, 2010を参照されたい）。双安定性知覚とは、同一の刺激に対する二つの異なる知覚の交替をいう。たとえば、人の顔と花瓶が交互する、よく知られた錯視があげられる。双安定性知覚は、いかにして起こるのか？　クラインシュミットらは、花瓶を処理する領域と、人の顔を処理する領域における直前の安静時活動の度合いが、その人が視覚刺激（この場合には絵）を花瓶として知覚す

るか、人の顔として知覚するかを予示することを発見した。たとえば、絵を見せる直前に、顔を処理する脳領域（紡錘状回顔領域）の安静時活動が高かった場合には、その人は絵を人の顔として見る。それに対して、静止物を処理する脳領域の安静時活動が高かった場合には、人の顔ではなく花瓶として見る。したがって、意識のレベルに割り当てるにふさわしいコンテンツを選択する際、刺激の提示に先立つ安静時活動のレベルそのものが、中心的な役割を果たすと考えられる。

かくして脳の安静状態と外部からの刺激の相互作用は、意識のレベルとコンテンツの相互作用を導く。具体的に言うと、刺激が与えられる前の安静時脳活動は、続いて入力される刺激と、それに対応するコンテンツに割り当てられる意識のレベルを決定するのに中心的な役割を果たす。前述の研究は、現代の研究者のあいだでは「意識の神経相関（NCC）」として知られる現象を調査するものである。彼らは意識の特定のコンテンツに焦点を絞っているので、それはコンテンツNCCの探究と呼ぶことができる。また、それがいかに意識に関係するかの解明はレベルNCCの探究と呼ぶことにしよう。

レベルNCCの探究は、意識と無意識の区別を意味する。だが、クラインシュミットらの研究(たとえばSadaghiani et al, 2010）は、意識と非意識の区別に関しては何も語らない。つまりそれは「ハードプロブレム」なのである。後者の区別を行なうには、内因性の脳活動の空間／時間構造について把握しておく必要がある。この情報を手にすることで、脳が種々のコンテンツや、環境からの刺激に意識を割り当てられる理由や、その仕組みを解明できるかもしれない。内因性の脳活動は、空間的な構造や時間的な構造を形成することで、外部からのあらゆる刺激に自身を押しつけることができるようになるのだ。こうして内因性の脳活動は、内因的なものであれ外因的なものであれ、後続のすべての神経活動が組織化され構造化される際の基準となる格子《グリッド》構造、ひ《テン》な型《プレート》、図式《スキーマ》を提供する。

内因性の脳活動によって（それには神経系のその他の部位への結合を含める）、組織化のテンプレートが提供されるという考え方は、アメリカの心理学者で神経科学者のカール・ラシュレー（一八九〇～一九五八）によってすでに提起されている。彼は次のように述べる。

> 重要なポイントとしてもう一つあげられるのは、神経系は、学習によっていかなる形態の構造でも押しつけられる中立的な媒体などではないということだ。それどころか、特定の形態の構造に対して強い選好を持ち、到来した感覚インパルスにそれを押しつける。神経系はその機能的な構造という点では、新たな刺激が適合していく図式や基本的なパターンで構成されると考えられる。(Lashley, 1949, p.35)

「組織化のテンプレート」とは、いったい何を意味するのか？　それは、内因性の脳活動の空間／時間構造を意味する。空間的な構造は、安静状態のもとで構成されるさまざまな神経ネットワークから生じる。脳の中央部には、自己に関連するコンテンツを処理する「デフォルトモードネットワーク」が存在する。脳のへりにあるネットワーク、実行制御系ネットワークは、認知作用と行動を可能にする。サリエンスネットワークは刺激に重要性や妥当性を与え、また、感覚運動ネットワークはさまざまな感覚野、および運動野に及ぶ。では、時間的な構造とは何か？　安静状態は、活動レベルを絶えず変化させる。これらの変化はさまざまな周波数帯域で生じ、それらのおのおのは、互いに結びついているかもしれないし、結びついていないかもしれない。この種の異なる周波数帯域間の結びつきは、脳活動に特定の時間的な構造、テンプレート、グリッドを与える。

意識の神経素因 vs 意識の神経相関

内因性の脳活動の空間／時間構造は、いかに意識という心的特性に変換されるのか？　残念ながらこれに関しても、まだわかっていないと答える以外にはない。内因性の脳活動に特定の空間／時間構造があることに間違いはない。だが、それが意識といかに関係するのかはわかっていない。意識の主要な現象的特性の一つは、空間／時間的な連続性である。たとえば、あなたの意識は突然途絶えたりはしない。目の前に置かれた本を見、次にワインボトルに目をやり、そのあとで机の上のチーズを見る。このように、「空間／時間的な連続性」とは、意識のコンテンツが、私たちの経験に時間的な流れ（連続性）と空間的な統合性を付与する空間／時間的なグリッドの内部につねに埋め込まれていることをいう。意識されているさまざまなコンテンツは、それぞれが空間／時間内で孤立しているわけではなく、意識のもとで空間／時間的に相互に結びつけられているのである。

自宅を巡回しているところを想像する、オーウェンとローリーズの実験を考えてみよう（Monti et al., 2010; Owen et al., 2006）。患者に意識されているさまざまなコンテンツは、自宅を表すグリッドの内部を動いていく。またそれらは、物理的な時間としては互いに孤立した時点で生じているにもかかわらず、私たちは時間的な連続体、すなわち意識内における個々のコンテンツの途切れのない推移を経験する。意識のなかのこの時間的な連続体は、三人称的な観点から観察される客観的な個々の時点には対応しないように思われる。その代わり私たちは意識のもとで、個々の時点間に連続、すなわち「動的流れ」（James, 1890）、「現象的時間」（Husserl, 1913/1982）を経験するのである。

時間や意識の本質に関しては、これまでさまざまな議論がなされてきたが、意識における空間的な経験に関してはあまり議論されてこなかった。意識には、時間的な連続性と同時に、空間的な連続性が認められる。たとえば私たちは、床の上にそれと連続して机が、さらにそれに隣接して椅子が置かれている様子を見る。これらの意識されたコンテンツは、物理的な空間内の個々の分離した地点にあるものとして経験されるのではなく、各地点間の複数の移行によって構成される空間的な連続体へと埋め込まれ統合化されている。時間と同様、コンテンツは非連続性や分離よりも、連続性や移行を強調する空間的なグリッドやテンプレートに織り込まれているのだ。

意識の形態は空間／時間的である

では、空間／時間グリッドと、その空間／時間的な連続性はいかに生じるのか？　ここまでの議論に従えば、空間／時間グリッドの構成には、内因性の脳活動が中心的な役割を果たしていると考えられる。この仮定が正しければ、内因性の脳活動の空間／時間構造の基盤をなす神経的特性によって、私たちが意識的に経験している空間特性と時間特性が決まると、さらに想定できるだろう。また、異なるコンテンツのあいだに経験される時間的距離は、内因性の脳活動の時間的な構造内で形成される時間的距離に対応すると考えられる。

これらの仮定が正しいのなら、意識の形態や構造は、内因性の脳活動とその空間／時間構造によって付与される。「形態」という概念は、脳の外部に起源を持つさまざまな刺激に対して、「処理されるべきであれば」内因性の脳活動と作用し合い、その内部に統合化される場を提供する構造や組織をいう。内因性の活動とその空間／時間構造は、刺激に自らを押しつけさまざまな刺激の統合を行なう。そして、刺激に対する意識の割り当てを可能にしているのは、まさにこの統合であると考えられる。重要な指摘をしておくと、内因性の脳活動とその空間／時間構造は、入力されてくる感覚刺激を組織化する。前者は後者を秩序づけ、グループ化して空間／時間グリッド

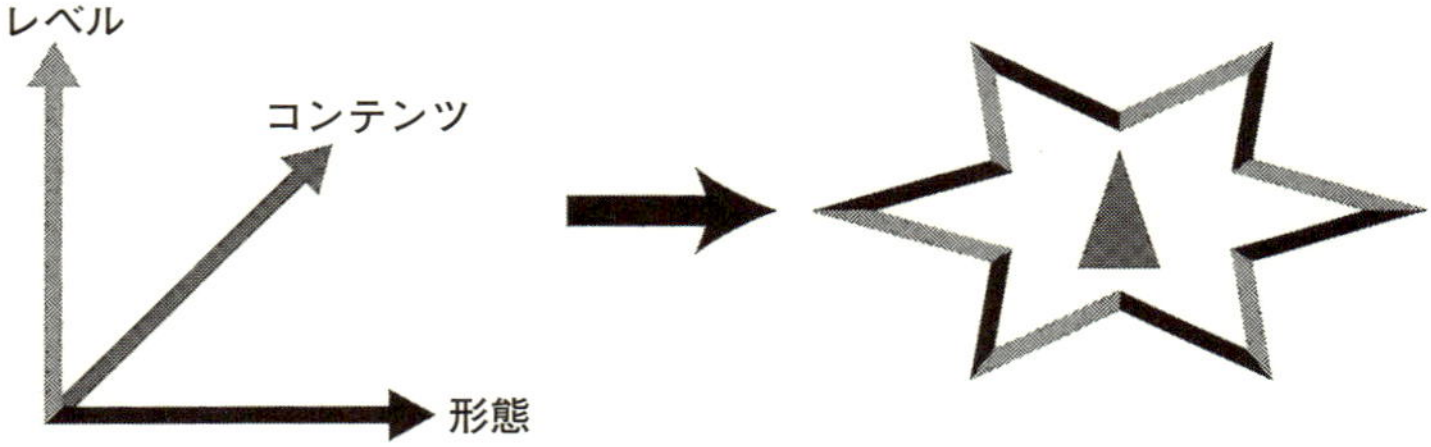

図2.1a

に統合化する。この統合はさらに、各感覚刺激と、そのコンテンツに対する意識の割り当てを可能にする。かくして意識は、空間／時間的な様態のもとで理解することができる。内因性の脳活動の基盤をなす、この空間／時間グリッドなくしては、意識は生じないだろう。

ならば、安静状態がもたらす何が意識を可能にするのか？『脳を解明する（*Unlocking the Brain*）』（Northoff, 2014b, 2014c）でも論じたが、私の考えでは、内因性の活動とその空間／時間構造によって、意識の形態がつくられる。そして、純粋な神経系の状態を意識や心の状態に変換することを可能にしているのは、何よりもまずこの形態なのである。ゆえに、内因性の脳活動とその空間／時間構造は、そのような形態を提供することで意識を可能にし、意識の素因となる。とはいえこの形態は、意識の必要条件、つまり意識の神経素因（ＮＰＣ）ではあっても、意識の神経相関（ＮＣＣ）のように、十分条件を単独で満たすわけではない。ジョンとルーシーの例では、彼らの安静状態の空間／時間構造は、エネルギーの欠如のために活動状態にはなく、凍りついているかのように思われる。それゆえ二人は、NPCとしての意識の形態を欠いているのである。

ハードプロブレムのソフトな解決

第1章で取り上げた「ハードプロブレム」の問いに戻ろう。なぜ非意識ではなく意識が存在するのか？ ハードプロブレムには、私が「神経活動から心への変換」と呼ぶ作用をめぐる謎が含まれる。何が、どこで、いかにして、そしてなぜ、純粋な神経系の状態が、意識と呼ばれる心的特性に変換されるのか？

内因性の脳活動と、それが持つ空間／時間構造は、ハードプロブレムといかに関係するのか？ その答えは明らかだ。内因性の脳活動は、空間／時間構造を持つと想定されるため、意識の出現の可能性をもたらす素因となる。この意識の可能性をもたらす素因が、「適切な」文脈によって姿を変え、実際の意識が出現する。「適切な」文脈とはすなわち、「適切な」外部刺激、およびそれと内因性の活動の「適切な」相互作用のことである。

意識の可能性は神経素因、内因性の脳活動、およびその空間／時間構造に媒介されると考えられるが、実際の意識は神経相関に関係するのかもしれない。「神経相関」とは、実際に意識が生じるための十分条件をいう。神経素因も神経相関も、非意識ではなく意識を構成するために協調して働く、さまざまな神経メカニズムに関係しているのかもしれない。

つまり私は、神経素因と神経相関の協調を、ハードプロブレムに対する実証的な回答だと見込んでいる。これら二つを組み合わせることでのみ、意識を十分に解明できるだろう。「神経素因」は意識の可能性の必要条件を、「神経相関」は実際に意識が生じるための必要十分条件を規定する。これは、ハードプロブレムに対する実証的な答えである。しかしこのアプローチは、一般にハードな形而上学的ソリューションに関心を寄せる哲学者にとってはソフトなソリューションにすぎない。だが、ソフトなソリューションではあれ、それは哲学者にも役立つはずだ。なぜか？ここに取り上げた実証的なソリューションは、いくつかの手がかりを与えてくれるからだ。内因性の脳活動とその空間／時間構造を、意識の神経素因としてとらえることで、何世紀も議論され続けてきた心脳問題を検討するための新たな方法論的アプローチを考案できるだろう。このアプローチは、哲学的に心脳問題を考察するために心を方法論的出発点として措定する方法を、脳とその内因的な特性を出発点に据える方法で置き換える。ひとたび内因的な特性、すなわち脳を心や他の器官から分かつものとして特徴づける特性が明らかにされれば、そのような特性の実在が、どのように心的特性に哲学的に関連するのかを調査できるはずだ。

この議論から、内因性の脳活動を考慮することが、実証的な神経科学（つまり意識の基盤をなす神経メカニズムの理解）にとってのみならず、哲学や、心と脳の関係の理解を目指す哲学的探究にとっても重要だということがわかる。内因性の脳活動の理解は、意識に対する神経科学のアプローチを変えると同時に、哲学にも心脳問題の解明という点で大きな変化をもたらすだろう。

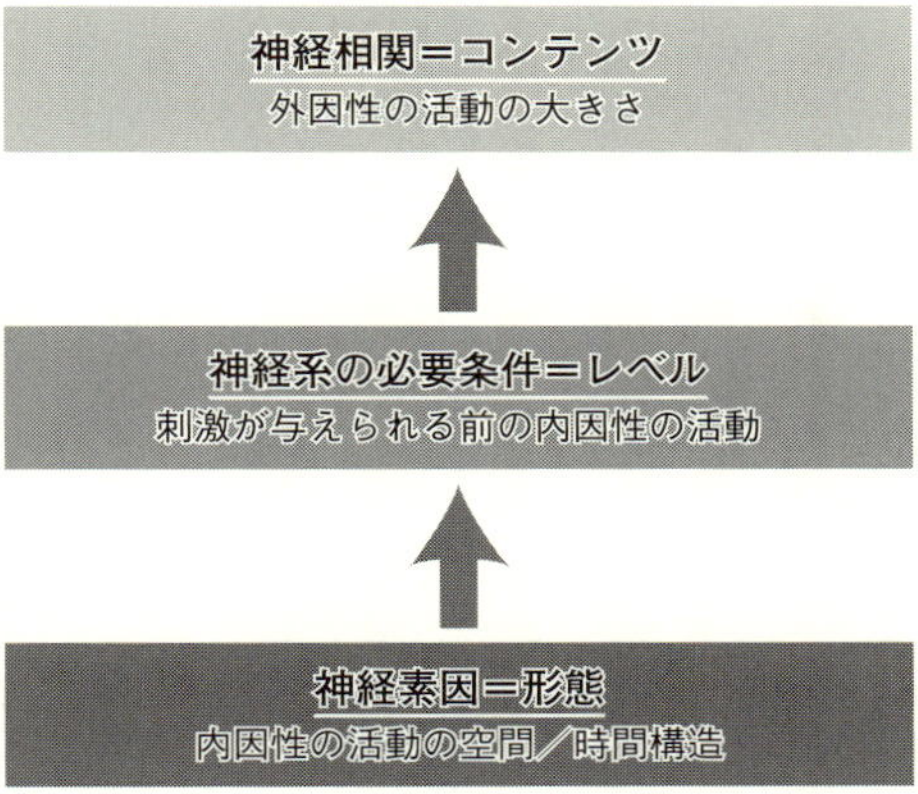

図2.1b

今や私たちは、「心は脳とどのように関係しているのか？」という問いの代わりに、「内因性の脳活動は、いかに心的特性に変換されるのか？」という問いを立てることができる。

その際の方法論的な出発点は従来の哲学と異なるばかりでなく、それを逆転させる。従来の哲学では心から出発して脳に至るアプローチがとられていたが、今や私たちは、脳とその内因性の活動から始めて意識を含めた心的特性へと至るアプローチをとることができる。そこでは、心と脳という二つの実在間の哲学的な問題とされていたものが、「内因性の脳活動によって、いかに神経活動が心的特性に変換されるのか？」という変換の問題に置き換えられる。

従来型の哲学者はこの提案に当惑を覚えるだろう。彼らは、心の哲学的な実在と脳の関係を理解するために心脳問題を解決したいと考えているからだ。私は、この問題に答えるつもりはない。その代わりに、心脳問題に対するいかなる答えも解法も無用なものにする回避策を提示する。心脳問題に意味がなければ、それに対する意味のある答えも存在しない。

意識は脳の基本的な機能なのか？

従来の哲学者は、植物状態に置かれたジョンとルーシーの心の内部で何が起こっているのかを問うかもしれない。過去の哲学者（デカルト、カントら）も、現代の哲学者（サール、ローゼンタールら）も、記憶や注意などの認知機能に経験的に関わる高次の機能として一般に意識をとらえてきた。また、身体と感覚運動機能の役割を強調する哲学者もいる（メルロー＝ポンティ、トンプソンら）。彼らの考えによれば、私たちは、身体とその感覚運動機能のゆえに世界に基盤を置き、そのなかに位置し、それと継続的に接触し合う。そして、それが意識を可能にする。このような世界のなかでの位置づけや世界との接触なしには、認知機能は意識を生成することができない。それゆえに彼らは、身体とその感覚運動機能を、意識のもっとも中心的な成立条件と見なすべきだと主張する。意識は、高次の認知機能として「位置づけられる」のではなく、知覚や運動（行動）などの低次の機能に結びつけられなければならないのである。

本書で提示される発見や仮説は、さらに革新的に思われるかもしれない。意識は、脳の安静状態の基本的かつ根源的な機能なのか？　私はそうだと考えている。安静時脳活動はつねに生じているのだから、感覚運動機能や認知機能に先立って、それらとは独立して存在するはずだ。したがって意識は、高次の認知機能とも、低次の感覚運動機能とも見なされない。そうではなく、刺激に喚起された活動の基盤を提供する脳の安静状態と同様、意識は、感覚運動機能や認知機能の基盤を提供する。ただし、安静状態における空間／時間構造の一機能として意識をとらえる見方の是非に関しては、今後の実験による検証が待たれる。

この新たな視点が実験によって検証された場合、私たちは意識に対する見方を劇的に変えなければならないだろう。高次の機能を見上げるのではなく、より低次の安静時脳活動に着目する必要がある。脳の奥深くで生じる内因性の活動に、意識の起源、すなわち意識の神経素因を見出せるだろう。私たちは、脳のさまざまな感覚運動機能や認知機能に関わる、刺激に喚起された派手な活動に目をくらまされないようにしなければならない。それらの活動は、安静状態とその空間／時間構造によってあらかじめもたらされていた意識の神経素因の明細にすぎないのだから。したがって脳内で意識を追跡するためには、その内因性の活動の空間／時間構造を理解する必要がある。では、意識の神経素因となる空間／時間構造とは、いかなるものなのか？　次章ではそれについて検討する。

第３章

自己

この家には誰もいないのか？

ジョンとルーシーは、無反応のまま病院のベッドに横たわっている。家族や友人が見舞いにやって来ては、ベッドのそばにすわって、話しかけたり、昔話をしたりしている。彼らは花束や、ジョンやルーシーにはよくわかるはずのできごとや思いに言及するメッセージが書かれたメモを残していく。つまり彼らは皆、自分たちが覚えている、ジョンやルーシーの特定の自己に語りかけているのである。しかし、植物状態に陥ったジョンとルーシーは、自己の存在を示す何らかの兆候を見せることがあるのだろうか？　二人は、依然として何かを経験する主体なのだろうか？それとも病院のベッドと次第に一体化していく単なる事物にすぎないのか？　意識は自己とどのように関係するのか？　自己の感覚に意識は必要なのか？

自己の本質

「自己とは何か？」「経験するとは、つまり経験の主体であるとはどのようなことか？」という問いから出発しよう。自己は、特定の「もの」として見られることがある。石は「もの」である。私のパソコンが置かれている机は「もの」である。そして、机の上にパソコンを乗せられるように、自己の構造は、その基盤の上に経験や意識を生成することを可能にしている。そこには誰かが、すなわち意識の内容を経験する主体や自己が存在するに違いない。そのような自己や主体を欠いては、いかなる経験も成立しない。経験の主体が存在しなければ、どうして経験は可能になるのだろう？　要するに、意識し経験する能力を持つ自己や主体なくして、意識や経験は存在し得ない。たとえて言えば、経験や意識は自己という基礎の上にのみ構築し得る壁なのである。だが、その自己は何に基盤を置いているのか？　それはまた別の家具などではない。自己はみごとにタイルを張られた床の不可欠な一部をなし、そのパターンによって部屋（知覚）全体が形作られる。ジョンとルーシーは、このパターンを失ったのだろうか？　二人は、意識とともに自己の感覚も失ったのか？　これらの問いにはっきりと答えることはできないが、神経科学の知見に基づきながら、それに関連する見方を洗練させることなら可能だろう。その作業に着手するにあたり、ここ数世紀間哲学者たちが、自己に関して何を論じてきたかを振り返っておくことは有益である。

自己は「もの」なのか？　ルネ・デカルトが考えていたように、心的実体なのか？　それとも幻覚か？　実体とは、何か他のもの（この場合は自己）の基盤として機能する特定の存在物や材料をいう。たとえば、身体は物質的な実体と見なせる。また、自己は心的実体と結びつけられる。

しかし自己はほんとうに存在するのか？　それとも知覚の問題、もっとはっきり言えば私たちが実在と見なしている幻覚にすぎないのか？　何が実在するのかという問いは形而上学に属する。デカルトらのかつての哲学者は、実在するものとして自己をとらえた。この見方は、現代の哲学者の考え方と好対照をなす。ダン・ザハヴィ（2005）ら現代の哲学者は、自己が経験や意識から構成されると論じる。それは現象的ではあるが、特定の心的な実体や性質とは見なし得ない。メルロー＝ポンティ（1945/1962）やギャラガー（2005）らは、自己の構成における身体の中心的な役割を指摘する。また以下に見るように、自己の存在を否定し、それを単なる幻覚と見なす、メッツィンガー（2004）らの急進的な哲学者もいる。どうすれば、自己に関するどの概念が、脳の働き方と合致するかを判断できるのか？　この探究を開始するにあたり、デカルトに立ち返って、彼が自己を心的実体として特徴づけた理由をまず考えてみよう。

デカルトは、自己が身体とは異なると考えた。自己と身体は共存するが、本質において互いに異なると、つまり自己は心的で身体は物質的だと考えたのだ。スコットランドの哲学者デイヴィッド・ヒューム（1748/1777）はのちに、この特徴づけを疑問視し、心的実体としての自己など存在せず、世界全体を反映する互いに関連し合うできごとの複合的なセット、言い換えると知覚の「束」が存在するにすぎないと主張する。つまり、私たちが知覚するできごと以外には何も存在せず、心的実体としての自己の想定を含め、他のいっさいは幻覚にすぎないとする。心的実体などの実体としての自己は存在せず、ゆえに実在しない。

現代では、デカルトよりヒュームにくみするほうが一般的である。つまり、心的実体としての自己という概念は否定され、単なる幻覚と見なされる。この見方の代表的な支持者の一人として、ドイツの哲学者トーマス・メッツィンガー（Metzinger, 2004）があげられる。彼の主張によれば、私たちは経験を通じて「自己モデル」と呼ばれる自己に関するモデルを発達させる。そして、この「自己モデル」は脳内の情報処理以外の何ものでもない。しかし、これらの神経プロセス（たとえば脳内のニューロンやその他の細胞の活動や処理）に直接アクセスできないため、私たちは自己モデルの基盤をなす実体の存在を仮定しようとする。そして、この仮定された実体が自己と見なされる。

メッツィンガーによれば、心的実体としての自己という想定は、自分たちの経験に由来する誤った推論に基づく。私たちは脳の神経活動それ自体を経験することはできない。自分の脳やその神経活動をじかに経験している人などいない。この直接的な経験の欠如のゆえに、脳の神経プロセスの結果たる自己から、もとの基盤、すなわち脳に経験的に遡行することはできない。では、どこから自己の感覚はやって来るのだろうか？　メッツィンガーの主張によれば、私たちは幻覚にほだされて、「この自己の感覚は、脳とは異なる特殊な実体に起源を持つに違いない」と仮定し、かくして「心と自己は脳に由来する物質的、神経学的な実体ではなく心的な実体である」と結論するのだ。メッツィンガー（2004）は、「端的に言って、心的実体としての自己など存在しない」と論じる。これが彼の著書『誰でもないこと（*Being No One*）』のタイトルの意味である。

あなたは、どこかの家のドアをノックしている。だんだんと力を強めて何度もノックする。やがて、この家には誰もいないことに気づく。家は空だ。前述の哲学者たちの自己についての考え方は、それと同じである。私たちは身体や脳のドアをノックする。私たちが観察できるのは身体活動や、せいぜい神経活動だけだ。心的特性を観察することはできない。ましてや、心的な「自己」など観察できるはずはない。メッツィンガーの考えでは、つまるところ身体や脳には誰も住んでいないのである。私たちは皆、「無自己（selfless）」なのだ。

ほんとうに誰もいないのか？「自己」など存在しないのか？ 意識や記憶や感情を持ち、丘を縫いながらバイクを飛ばしていた、ジョンとルーシーは、事故に遭遇する前にも「無自己」だったのだろうか？ 脳自体はそうではないことを示しているが、それについてはあとで述べる。いずれにせよ、この問いに対し脳なら次のように答えるだろう。「そのとおり。私、つまり脳とは別個の独立した心的実体などというものは存在しない。しかしそれは、あなたや哲学者、そして神経科学者が自己と呼ぶものを、脳が構成しないという意味ではない」と。

自己とは何か？ 自己とは意識を経験する人格や主体であり、自分がすわっている椅子や、机の上のパソコンを、主体や自己として経験しているのは私である。負傷したときに痛みを感じるのは私の自己や主体であり、他者は、しかめ面などの私の振舞いを観察することはできても、私の痛みを感じることはできない。自己は、三人称的な外部の観点からは観察できない。一人称的な観点を通して内側から経験できるだけだ。たとえば、脳の神経活動を外側から測定することで、脳内の自己を客体として観察した者など誰もいない。それに対し、他者の脳の神経活動を測定しているまさにその神経科学者は、観察を行なっている自己を経験する。このように、自己は客体ではなく主体であり、経験に密接に結びつき、ゆえに個人的なものなのである。

自己を調査する方法

いかにすれば自己をとらえることができるのだろうか？　自己の存在をとらえるにはどうすればよいのか？　この問いは月並みに聞こえるが、それでも私たちを相反する状況に置く。私たちは、脳の神経活動を三人称的な観点を通して外側から観察できる。しかし前述したように、自己は外側からは観察できない。一人称的な観点を通して内側から経験できるだけだ。三人称的な観点からの観察が不可能なので、自己の調査は科学的には行なえず、よって哲学の範疇に留まらざるを得ない。しかし賢明な科学者たちは、この限界を回避する方法を見出してきた。

実験を通じて自己を調査するためには、三人称的な観点から観察が可能な、何らかの定量化された客観的な尺度が必要になる。どうすれば、そのような尺度を手に入れられるのだろうか？　記憶を専門とする心理学者によって、自分自身に関わる項目は、関わらない項目に比べ覚えやすいということが見出されている（Northoff et al., 2006を参照されたい）。たとえば、カナダのオタワに住む私は、市内に立つ数軒の家屋を破壊した最近の雷雨について、ニュースで知ったドイツの住人より、より鮮明に思い出せるだろう。

自分自身に関わる項目や刺激は、記憶において優位を占める。この現象は自己参照効果（ＳＲＥ）と呼ばれ、いくつかの心理学研究で検証されている（概要はKlein, 2012; Klein & Gangi, 2010; Northoff, 2014dを参照されたい）。興味深いことに、この効果は、さまざまな領域で作用することが示されている。つまり、記憶のみならず、情動、感覚運動機能、顔、言葉などに関しても働く。これらすべての領域において、「自己特定的な刺激」と呼ばれる自分自身に関連する刺激は、関連しない「自己非特定的な刺激」に比べてより鮮明に思い出すことができる。

ＳＲＥはいかに作用するのか？　さまざまな研究によって、ＳＲＥは、その人自身に関する記憶（事実や意味に関する記憶よりも自伝的なできごとの記憶）から、自己反省や自己表現を可能にする認知能力に至る、種々の心理機能に関与することが示されている（概要はKlein, 2012; Klein & Gangi, 2010を参照されたい）。ＳＲＥは単一の機能ではなく、さまざまな機能やプロセスから成る、複合的で多面的な心理構成要素なのである。

脳内の自己を調査する方法

いかにしてＳＲＥを脳に結びつけられるのか？　一九九〇年代初頭にｆＭＲＩなどの機能的画像法が導入されるまでは、ほとんどの研究は、脳腫瘍や卒中などによって引き起こされた、特定の脳領域における損傷や機能不全の影響に的《まと》を絞っていた。これらの研究は、記憶の想起に中心的な役割を果たす海馬などの内側側頭領域の損傷によって、SREの作用が変化し、最終的には消滅することを明らかにした（Klein, 2012; Klein & Gangi, 2010）。たとえば、海馬に損傷を負った人は、すべての自伝的できごとの記憶を失う可能性がある。昨日、吹雪が吹きすさぶ氷点下一〇度の戸外で立ち尽くしていた事実をあなたは思い出せないとしよう。思い出せなければ、あなたにとってそのできごとは起こらなかったに等しい。大事な思い出であったファーストキスや初恋も、卒中を起こしたときにすべて失われる。もはやファーストキスも初恋も存在しない。そのときあなたはどう感じるだろうか？　おそらくあなたは、自己の歴史、つまり自伝的記憶をすべて失ったと言うだろう。この状況こそ、海馬に卒中を起こした患者に起こる事象なのである。

ｆＭＲＩなどの機能的画像法の導入は、その種の研究を行ないやすくした。今や私たちは、スキャナーに寝かせた患者に自己特定的な刺激や自己非特定的な刺激を与え、それらに反応する脳領域を比較・調査することができる。これについて、次のような前提を立てられる。自己特定的な刺激が自己非特定的な刺激より思い出しやすいのなら、それらは互いに異なる方法で脳によって処理されているはずだ。この相違は、神経の活動レベルの高さや、神経活動の生じる領域の違いに基づくと考えられる。

何人かの研究者の手により、ｆＭＲＩスキャナーを用いるさまざまな実験方法で、ＳＲＥに関する試験が行なわれている（概要はNorthoff et al, 2006を参照されたい）。あるテストでは、被験者に自分自身に関係する特性語（たとえば私の場合ならオタワ）と、関係しない非特性語（私が行ったことのないシドニー）が提示された。別のテストでは、被験者に自分の顔の画像と他人の顔の画像を見せた。また、被験者自身が経験した過去のできごとに関する自伝的記憶が、他者に関する記憶と比べられた。たとえば、吹雪が吹きすさぶ氷点下一〇度の戸外に立っているところを写したあなたの写真と、あなたが一度も行ったことのない、気温が四〇度に達する熱帯の浜辺の写真を比較したのだ。顔や名前に関しても同様なテストが行なわれた。たとえば、被験者自身の顔や名前と、赤の他人の顔や名前を示し、それらの刺激によってどの脳領域が活性化するのかを調査したのである。刺激は視覚的、もしくは聴覚的に与えられた。それに対して被験者は、対応する刺激が自分自身に関係するか否か、さらには自分にとって意味があるか否かを判断し、即答した。

自己と主観性には正中線領域が関与する

これらの研究によって何がわかったのか？　いかにして自己に関する数々の哲学的な概念を、自己参照に関する神経科学的な発見に結びつけられるのか？　心理学、やがては神経科学が、ＳＲＥの用語で自己を定量化するようになった経緯については先に述べた。つまり、自己に関連する刺激と関連しない刺激が、心理的尺度（反応時間、想起など）と神経的尺度（活動の度合い、活性化された領域など）に及ぼす影響を測定するようになったのだ。ここで、ＳＲＥに関する最近の脳画像研究の成果のいくつかを簡単に紹介しておこう。

ｆＭＲＩを用いた研究では、二種類の領域が注目されている（概要はNorthoff et al., 2006を参照されたい）。一つは、情動や顔の認知などに関わる経験を処理する脳領域である。たとえば脳の後部には、「紡錘状回顔領域」と呼ばれる、顔の情報を処理する際に、特異的に活性化する領域が存在する。被験者に顔（自分の顔であろうと他人の顔であろうと）を見せているあいだ、明らかにこの領域が活性化する。重要な指摘をしておくと、ほとんどの研究では、これらの脳領域に自己特定的な刺激と自己非特定的な刺激に対する反応の差異は見出されていない（たとえばNorthoff et al., 2006を参照されたい）。つまり自分の顔を見ても、他人の顔を見たときよりこの領域の活動が高まることはなかったのである。

自己特定的な刺激の処理に関与し、特定の分野《ドメイン》には限定されない脳領域（ドメイン独立領域と呼ばれる）が存在する。さまざまな研究を総括するメタ分析によって、脳の中央部に存在する、いくつかの領域から成るグループの関与が示されている。顕著な領域として、前帯状皮質脳梁膝周囲部（ＰＡＣＣ）、腹外側前頭前皮質（ＶＭＰＦＣ）、前頭前皮質背内側部（ＤＭＰＦＣ）、膝《しつ》上《じょう》前帯状皮質（ＳＡＣＣ）、後帯状皮質（ＰＣＣ）、楔前部《けつぜんぶ》（ＰＲＥＣ）があげられる。これらの組織はすべて、脳の正中線に沿って存在するため、大脳皮質正中内側部構造（ＣＭＳ）と呼ばれる。

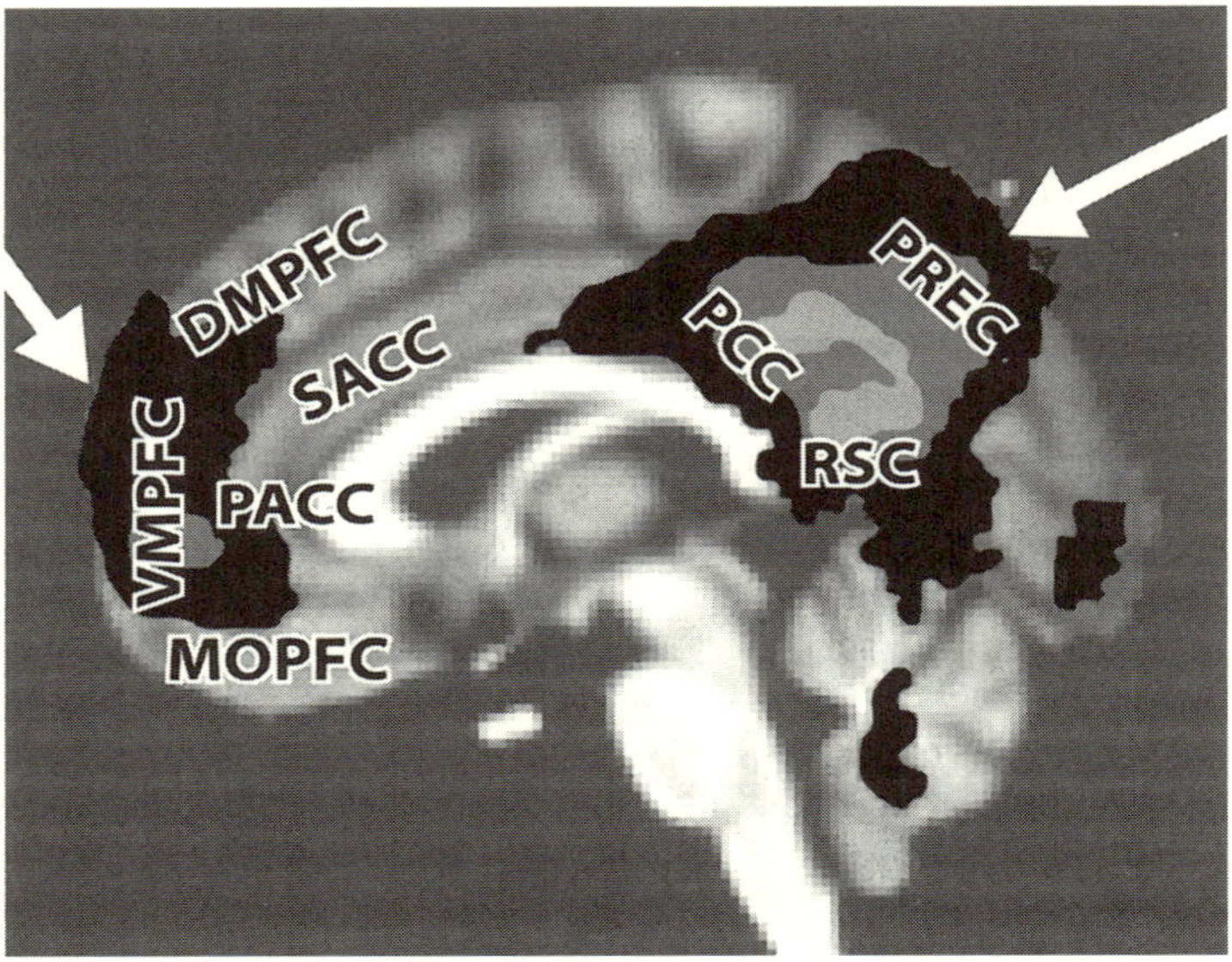

MOPFC＝内側眼窩前頭皮質、PACC＝前帯状皮質脳梁膝周囲部、VMPFC＝腹外側前頭前皮質、DMPFC＝前頭前皮質背内側部、SACC＝膝上前帯状皮質、PCC＝後帯状皮質、PREC＝楔前部、RSC＝脳梁膨大後部皮質。

図3.1

正中線領域であるＣＭＳの役割は正確にはわかっていない。わかっているのは、これらの領域が、他の領域と比べて極端に高いレベルの代謝、安静時活動、変動性を示すなど、いくつかの特異な生理学的特性を示すことである。またこれらの領域が、ＳＲＥ、ランダムな思考、注意散漫、意識などの心的特性に関与していることが、いくつかの研究によってはっきりと示されている（たとえばNortoff et al., 2006, 2010を参照されたい）。ただし、ＣＭＳの生理学的特性が心的特性に変換される理由や仕組みは解明されていない。

いくつもの論文で一貫して見られる知見は、「CMSは、自己に関連する刺激すなわち自己特定的な刺激を、自己に関連しない刺激すなわち自己非特定的な刺激から区別するのに中心的な役割を果たしている」というものである。たとえば、自分の名前は自己特定的な刺激だが、見知らぬ人の名前は（それが自分の名前と同一でない限り）その人にとって自己特定的ではない。では、自己に関連する刺激とは何か？　カナダのオタワの住民にとっては、吹雪、青空、氷点下一〇度を示すサインを写した写真は自己との関連度が高い。というのも、オタワでは酷寒の冬を過ごさなければならないからである。しかし台湾の台北に引っ越せば、まったく同じ写真でも自己との関連性が失われる。北方に位置するオタワの気候が、吹雪や氷点下一〇度の気温はおろか、通常は雪とさえ無縁な亜熱帯の気候に置き換えられたためである。このケースでは、ヤシの木や四〇度の気温や台風が、自己との高い関連性を持ち始めるだろう。

主観性のタンゴ

CMSと、それによる自己に関連する刺激と関連しない刺激の区別が、なぜ重要なのか？　CMSは、意識の経験と、その主観的な性質をもたらす、主観や自己の宿る場所と見なされる場合が多い。前章で述べたように、意識はその本質からして主観的であり、「～であるとはどのようなことか」という主観的な質の付与によって特徴づけられる。見かけは客観的に処理されるチョコレートが、苦さの感覚を生じる例をたとえとしてあげた。CMSは、自己特定性との結びつきのゆえに、純粋に客観的な処理に主観的な質を付与すると考えられてきた。要するに、前述のとおりCMSは自己や主観の宿る場所として考えられているのだ。

CMSは新たな扉を開く。つまり、自己特定性の処理において中心的な役割を果たすCMSは、主観性や自己の神経科学に至る扉を開く。主観性や自己という主題が神経科学を含むあらゆる科学からこれまで長く追放されてきた事実に鑑みれば、これは注目に値する。これまで、科学は客観的に観察可能な内容を対象とすべきであって、観察不可能な主観的自己などというものは扱うべきでないと考えてきた。CMSの調査は、主観性の客観的な調査を可能にすることで新たな扉を開く。そしてそれを通して、過去の哲学者(デカルト、カント、ヒュームら)や現代の欧米の哲学者(メッツィンガー、ネーゲルら)を何世紀にもわたり悩ませてきた古来の問題、すなわち主観性や自己の本質に関する問いに新たな光を投じることができるかもしれない。

CMSと主観性の神経科学は、この問題を解決できるのか? CMSは自己特定的な刺激と自己非特定的な刺激の区別を可能にする。よってそこから推論して、主観性に関する理解の基礎を築けるかもしれない。脳自体、とりわけCMSは、その神経構造のなかに、本質的に主観的な特性を備えているのかもしれない。主観性や自己を否定し、単なる幻覚として扱うことは、脳やCMSの無視、ひいては否定につながるだろう。いかなるものであれ主観性や自己の否定は、脳の機能や脳に関するデータに反し、したがって神経学的にも実証的にも認められない。見かけは客観的なCMSの神経活動が自己という主観的な特性に変換されるメカニズムに関しては、現在のところ定かにはなっていないとはいえ、その種のメカニズムが、自己に関連する刺激と関連しない刺激の区別に果たしている役割を否定することはできない。実証的に「自己関係性」と呼ばれる特性は、哲学的に「主観性」、あるいは「自己」と称されるものに至る。この考えに沿った研究は、主観性の神経科学が、哲学的な問題に、すなわち主観性や自己に関する問いに新たな光を投げかけ、最終的にはその解決へと導いてくれるであろうことを明らかに示している。それとは逆に主観性の哲学からは、実験結果を適切に枠づけ、心的特性一般に対するそれら実験結果の重要性を明確にするための概念的な道具がもたらされる可能性がある。かくして神経科学と哲学は、手をつなぎ合って主観性というタンゴを踊るのだ。

社会化する自己

「人は一人では生きていけない（No man is an island）」という言い回しがある。自己は孤立しているわけではない。人は誰でも、他者、つまり他の自己とつねに触れ合っている。他者は、自分自身や自己の感覚に対する参照点を提供してくれる。たとえば、両親は通常、参照モデルとして私たちの行動基準に最初に影響を及ぼす。私たちは両親が提示する参照モデルに適応し、幼少期を通じて両親に従おうとする。のちに激動の思春期を迎えると、両親の自己から区別することで独立した自己を発達させようとする。大人になると、親友やパートナーや配偶者を得て、今度は彼らを基準に、さまざまな人生の変化を経験するなかで自己の感覚を安定化させ維持するようになる。つまり自己はきわめて社会的であり、事実その本性からして深く社会的な存在だと言える。

どうすれば自己の社会的な本性を調査できるのか？　自己、他者・社会など、いくつかの領域間でのさまざまな相互作用を調査する種々の研究がこれまで行なわれてきた。シルバッハらは、情動、安静状態、社会・認知という三つの領域に関する数々の脳画像研究のメタ分析を行なっている（Schilbach et al., 2008, 2012）。分析の第一ステップは、三つの課題のそれぞれに関連する脳領域について分析することだった。この分析から、空間に関するいくつかのｆＭＲＩ研究で高い自己特定的な活動と関連づけられた顕著な神経活動が、特に正中線領域で示されていることがわかった。また、側頭頭頂接合部と中側頭回にも神経活動が見られた。これらの脳領域は、その活動が他者の思考や視点の推測と理解に特に結びつけられてきた領域である。したがってシルバッハの調査は、自己に関連するＣＭＳなどの領域が、自分の自己を他者の自己に結びつける領域（側頭頭頂接合部、中側頭回）と結合していることを示す。

シルバッハら（2012）は分析の第二ステップで、三つの課題（情動、安静状態、社会・認知）の結果を重ね合わせ、それらの土台となる共通の領域を特定した。その結果、三つの課題のすべてで、正中線領域（前頭前皮質背内側部、後帯状皮質）に活動が見られることがわかった。この結果は意外に思われる。正中線領域は自己に――他者の自己と区別されたものとしての本人の自己に――特化しているのではないのか？　これらの発見は以前の発見と矛盾するように思われる。正中線領域は自己に関連する処理に関与するのだが、社会的な文脈における他者との関係のもとで、その種の処理が行なわれているようだ。どうやら自己と、自己との関連性は、他者の自己との関係において、したがってそれとの区別や差異を通して構築されるらしい。ＣＭＳは、次のように問いかけているのだ。「私が一部をなすこの脳の持ち主は、社会環境のなかで自己と他者をいかに識別しているのか？」と。自己と、その基盤をなすＣＭＳにおける自己に関連する処理は、環境や、他者の自己との関係に依拠しているものと考えられる。

　この発見は革新的な知見をもたらす。神経科学の用語で言えば、これは、脳、とりわけＣＭＳは本質的に社会的であることを意味する。神経のレベルと社会のレベルのあいだに、明確な、すなわち全か無かの区別は存在しないのである。脳の神経活動は、もっぱら脳内にあるのではなく、したがって外部の社会環境から区別された非社会的なものではないということだ。神経活動それ自体が社会的であり、前述のとおり神経のレベルと社会のレベルに明確な区分はなく、ゆえに脳、そしてＣＭＳは本質的に、つまり初期設定《デフォルト》から神経社会的なものなのだ。「神経的か社会的か」という二分法は誤りである。脳、とりわけＣＭＳ、そしてそれらの自己の経験への関与は、この種の二分法が幻想であることを教えてくれる。脳や心の奥深くに存在する孤立した自己、非社会的な自己という概念は、実は幻想にすぎない。この意味で、メッツィンガーは正しかった。しかし、社会的な自己、神経社会的な自己という概念は決して幻想ではない。それらは私たちの経験や、脳、とりわけＣＭＳの内部に現実に存在するのだから。

神経系における安静状態と自己の重なり

ここまで、正中線領域、とりわけＣＭＳが、主観性や自己の感覚の形成に中心的な役割を果たしていることを見てきた。では、それはいかにしてか？　認知、感情、感覚運動機能によって主観性や自己が形成されるとも考えられる。さまざまな研究者が、自己は脳の神経活動によるメタ表象に由来すると考えている。つまり、感覚機能などの基本機能に関わる神経活動の結果が、他の諸領域で処理（より正確には再処理）されると考えられているのだ。たとえば、皮質感覚野の活動の結果が、正中線領域で再処理され、それによって自己の感覚が生じるなどといったように。この見方では、脳はメタ表象され、その結果、ダマシオ（2010）やチャーチランド（2002）が主張するように、認知的な自己として特定できる。あるいは、身体と、その植物的な感覚運動機能によって引き起こされた神経活動に媒介されるものとして、自己を想定できるかもしれない。この場合、クリストフ、コスメリ、ルグラン、トンプソン（2011）、およびパンクセップ（1998b）が想定するように、自己は植物的で感情的なあり方、つまり感覚運動的なあり方で確定される。

このような認知、感情、感覚運動機能による自己の説明は正しいのか？　それらの機能が自己の諸側面に関わることに間違いはない。自己は認知、情動、知覚、行動にはっきりと現れる。私たちは、それを回避しようとしても回避できないし、常時、そのような自己を連れ回しているのだ。しかしこの見方は、自己の現れの問題と、自己の起源の問題を混同していないだろうか。自己は感覚運動、感情、認知機能にはっきりと現れるとはいえ、これらの機能や対応する神経活動に起源を持つわけではなく、自己や主観性はより深い何か、すなわちより基本的でこれらの機能の基盤をなす何かに起源を持つのかもしれない。この可能性は、刺激に喚起されたいかなる外因性の活動とも、さらにはそれらの活動が持つ、感覚運動、認知、感情に関する性質とも独立した、自発的かつ内因的な安静時脳活動の探究へと、再び私たちを導く。

自己と安静状態はどう関係するのか？　いくつかの研究によって、自己に関連する処理と安静時活動のレベルのあいだに神経学的に特定できる重なりが検出されている。つまり、次のように前者によって後者に変化が引き起こされることがなかったのである。自分の名前のような自己特定的な刺激によっては、PACCやVMPFCなどの前部正中線領域における安静時の神経活動のレベルに、変化は引き起こされず、自己特定的な刺激が処理されるあいだ、これらの領域には何の活動の変化も見られなかったのだ。この結果は、われわれの研究でも、他の研究者の脳画像研究でも得られている (d'Argembeau et al., 2005; Schneider et al., 2008)。ゆえにわれわれは、「安静と自己の重なり」という言い方で、安静時の神経活動のレベルと自己特定的な刺激を処理する神経活動のレベルの一致を言い表している。

　この「安静と自己の重なり」の発見は、私たちを当惑させる。次のように考えるのが普通であろう。「自分にとってもっとも重要な刺激である自己特定的な刺激は、脳、とりわけＣＭＳに最大の活動の変化を引き起こすはずだ」「『自己との高い関連性＝脳活動の大きな変化』であるはずだ」と。あるいは「脳は、自己特定的な刺激が自己非特定な刺激や脳の安静状態と比べて際立つよう、自己関連度の高い項目を、その高さに見合った大規模な神経活動にコード化しているはずだ」と。これはまさに、私たちが自己を経験するあり方だ。環境のなかで、自分自身は他者と比べて際立っている。だから、脳内でもそれと同じような処理が行なわれているはずだと、つまり、自己が際立つよう、それに対して神経活動の大規模な変化が割り当てられるはずだと思い込むのである。

　ところが実際には、神経活動の大規模な変化は起こっていないらしい。それどころか、事態はむしろ逆である。経験と意識から成る基本的な主観性である自己は、まったく際立っていない。基盤となる安静時脳活動と重なり合っているのだから。どうやら安静時脳活動は、自己に関するいくらかの情報、つまり主観性の基本要素をすでに含んでいるようだ。こうしてみると、「安静と自己の重なり」の発見はがぜん意味を帯びてくる。安静時脳活動が継続的に行なわれ、活動し、変化しているのと同様、自己も継続的に存在し変化しているのだ。「そうか！　だから人は自分の自己を避けることができないのか。どこへ行っても、大陸間をどんなに頻繁に行き来しても、私はつねに自己を携えている。自己を置き去りにすることは、脳や、その安静時活動を置き去りにすることだ。それは死、脳の死であり、そんなことは不可能だ」。そうあなたは気づいたことだろう。

安静時の主観性

「安静と自己の重なり」は新たな扉を開くばかりでなく、建物全体の構造を変える。これまで長く心の頂点と見なされてきた自己や主観性は、今や底辺、すなわち安静時脳活動に宿っていると見なされる。私たちは心を探究する際、はるか上階を見上げるのではなく、目を下に向けて安静時脳活動という、建物の基礎構造に着目する必要がある。自己または主観性は、脳それ自体と、その内因性の活動の成分である。脳とその内因性の活動はその本性からして主観的であり、何らかの自己を構築せざるを得ない。これは純粋に客観的な脳という見方をとる神経科学と、心的特性の高次領域として主観性をとらえる哲学を根底から揺さぶる革新的な提言だと言えよう。

「安静と自己の重なり」はかくも大きな意義を持つので、実験によって可能な限り堅固な基盤を確立することが肝要だ。一つの方法は、たとえば本人の名前に反応してＰＡＣＣの個々のニューロンの発火率が変化するか否かを確認するなど、細胞レベルでその存在を検証することである。「安静と自己の重なり」が存在するのなら、被験者の脳が自分の名前を処理するあいだも発火率は変化しないだろう。それに対し、自己が神経活動において際立つのなら、そのあいだニューロンの発火率は増大するだろう。非常に興味深いことに、われわれの観察では、本人の名前の提示によっては、ＰＡＣＣのニューロンの発火率は（期待されるように大規模な変化をきたすことなく）変わらなかった（Lipsman et al., 2014）。

これらの発見は、安静状態の自発的な活動が、何らかの方法で本人の名前を既知の刺激としてとらえ、「発火率を変更する必要はない」と決定していることを示す。自分の目の前に立つ人物をよく知っていれば、あなたは自分の態度を変えて構える必要はない。それに対し、その人物をまったく知らなければ、態度を変えて構えた姿勢をとるだろう。ＰＡＣＣの細胞は、それと同様に「考える」らしい。「自分の名前という既知の刺激を受けて発火率を変える必要がどこにある？」というわけだ。

ならば安静状態は、いかにして自己や自分の名前を「知っている」のか？　唯一の可能性は、「安静状態の自発的な活動パターンのもとでは、自己に関する何らかの情報がＰＡＣＣにあらかじめ含まれている」というものだ。前章では、安静時脳活動を空間／時間構造によって特徴づけた。したがって、自己に関する情報は空間／時間構造にコード化されていると考えられる。自己は、神経活動における特定の空間／時間的なパターンにコード化されているのか？　たとえば自己は、脳波の特定の周波数帯にコード化されているのかもしれない。安静状態が変化した途端、自己も変わる。自己と安静状態は、本質的に関連し合っている。自己が存在しなければ、安静状態はいかなる空間／時間構造も持てない。また、安静状態が存在しなければ、自己は形成され得ない。要するに、安静状態なくして自己はなく、自己なくして安静状態はないのである。

関係的な自己

自己は、安静時脳活動とその空間／時間構造にコード化されている。だが、自己に関する「構造」や「組織」とは、いったい何を意味するのか？　脳や身体や環境の物質的な境界をまたぐという点で、自己の構造は仮想的《バーチャル》で空間／時間的であるはずだ。ならば、脳の物質的な構造や組織とは別個のものとしての心的な構造や組織に立ち返らなければならないのだろうか？　そんなことはない！　神経科学の成果は、一個人内の経験にも、（社会的な交流などの）個人間の経験にも関与する神経処理と自己の関連を明らかにしている。したがって、脳、身体、環境という文脈内における自己の諸側面を支える神経基盤が存在するのだ。

脳、身体、環境の関係についてもう少し説明しよう。一方では、自己は身体と本質的に結びついていると見なせる（「身体化された自己」）。他方では、自己参照に依拠するので環境に本質的に結びついているとも見なし得る（社会的自己の概念の提唱者が言う「身体化され社会化された自己」）。したがって自己は、脳内のどこかに位置する、身体と環境から分離した実体とは見なし得ない。脳の神経活動は本質的に神経社会的であり、脳は、その内因性の活動によって刺激をコード化するにあたって、社会／環境という文脈を無視することはできない。言い換えると、内因性の脳活動は、単に神経学的であるばかりでなく神経社会的であり、脳、身体、環境をまたぐ仮想的な空間／時間構造を構築すると考えられる。そしてこの構造は、われわれ研究者が自己と呼ぶ仮想的で社会的な空間／時間構造として機能する。前述のとおり、この仮説は「安静と自己の重なり」を示す実験結果によって裏づけられる。

自己を仮想的、社会的な空間／時間構造として特徴づけることがなぜ妥当なのか？　ジョンとルーシーの例を思い出されたい。彼らの脳の活動は、もはや神経社会的なものではなく、社会的な構成要素を欠いた単なる神経活動と化している。だから彼らの脳は、身体や環境から切り離され、やがて空間／時間的な経験を喪失し、ひいては意識の喪失に至ったのだ。

身体化され社会化された本性は、自己の概念的な特徴づけに関していかなる意味を持つのか？自己は、心的なものであれ身体的なものであれ、実体よりも、空間／時間的な構造や組織として記述できる。そのような構造や組織は、子ども期や思春期を通じて発達し、変化は成人後にも起こる。これらの変化にもかかわらず、私たちのほとんどにとっては、時間的な一貫性や連続性が存在し、それらによってアイデンティティや自己連続性などと呼ばれる特性がもたらされる。第7章で詳述するが、アイデンティティや自己連続性という属性を、脳の正中線領域に関連づける研究もある（Ersner-Hershfield, Wimmer, Knutson et al., 2009）。

とりあえずここでは、自己という現象を説明するために心を想定する必要はないと述べておこう。脳と、脳が神経社会的な活動を基盤に身体と環境のあいだに築く関係のみが必要なのだ。自己の非存在を主張するメッツィンガー（2004）らは、心の非存在という意味でなら正しい。しかし、自己は存在しないと想定する点では間違っている。心として、つまり独立した心的実体としては存在しないことは確かである。また、純粋に神経学的、物質的な実体としても存在しない。なぜなら、脳、身体、環境それ自体に自己を見出すことはできないからだ。そうではなく自己は、脳と身体と環境相互間の関係のなかに見出すことができる。一言でいえば、自己とは実体ではなく関係である。それは本質的に関係的なものであり、脳、身体、環境のあいだの関係を常時構造化し組織化しているのだ。この考え方は、心や実体ではなく、関係やプロセスに基づくものとして自己を説明する、新たな哲学的アプローチを提起する。

　内因性の脳活動によって形成される仮想的、社会的、空間／時間的な組織の産物として自己を特徴づけるアプローチは、哲学的な妥当性に加え、重要な臨床的意義を持つ。ジョンとルーシーの脳は、もはや彼らを仮想的、空間／時間的なあり方で社会環境に結びつけることができない。だから二人は、外界に対していかなる積極的な振舞いも示さない。先の自己の定義づけに従えば、二人は自己を欠いていると言える。しかし彼らは幸運だった。というのも、二人の大脳皮質正中内側部構造はやがて身体と環境との関係を「取り戻し」、三か月後に再覚醒し意識を回復できたからだ。

第４章

抑うつと心脳問題

精神疾患は、実のところ心の障害ではなく
安静状態の障害なのか？

精神疾患は神経科学の最後の障壁だと言われることが多い。神経科学者はこれまで、注意力や記憶などの、かつては心に関連づけてとらえられていた認知機能の神経学的な基盤を積極的に調査してきた。また前章で見たように、最近では、自己や意識などの心的特性の基盤をなす神経メカニズムの解明に着手している。しかしながら、てんかん、パーキンソン病、アルツハイマー型認知症などの神経疾患に関して、神経学的な構成要素は特定されてきたとはいえ、精神疾患の神経学的な基盤や原因は、まだ明らかにされていない。生物化学的、分子的な基盤に関する知識は得られていても（これについては以下に述べる）、精神疾患は依然として心の障害、心的障害として扱われている（たとえば、精神病診断の「バイブル」たる『精神疾患の診断・統計マニュアル』〔日本語版のタイトルでは「精神疾患」とあるが、もとは「Mental Disorders（心的障害）」であり、本書の著者はMentalに下線を引いている〕の最新版でも依然として「心的」という言葉が使われている）。

本章では、たとえば抑うつを理解するためには、遺伝、環境、時間に関する文脈を考慮することで、脳やその安静状態をより精緻にとらえる必要があることを示す。この新たな視点は、脳一般に対する見方、とりわけ心と脳の関係をめぐる従来の哲学的な謎に新たな光を投じる。それにあたってまず、抑うつを抱える人々が日々経験している典型的な症候を例示する架空の症例を見てみよう。

❖架空の症例

四一歳のジュディーは、ワシントンDCにある著名な対外政策シンクタンクで働く、優秀な政策アドバイザーだ。たった二週間前には、夢にまで見ていた役職への昇進を知らされた彼女は得意の絶頂にあった。ところがその一週間後には、彼女の幸福感とうきうきした気分は消えてしまう。同僚は、彼女の陰鬱な顔と疲れた様子に驚かされる。就任まではまだ三週間あったが、彼女はすでに重荷を感じていた。ベッドに横になっても何時間も眠ることができず、朝の五時前には、「新しい仕事を遂行する能力が自分にはあるのか?」「対ロシア政策の担当者として、自分はほんとうにふさわしいのだろうか?」などといった疑いを抱きつつ不安な気分で目覚めた。

彼女の気分は悪化するばかりで、ますます暗く陰鬱になっていく。昇進に対する熱狂的な気分は消え失せ、代わりに不安や恐れでいっぱいになる。それまでは活動的で社交的な人物として知られていた彼女が、自分のオフィスに閉じこもり、誰ともしゃべらなくなったのに気づいた同僚たちは、驚きを隠せなかった。彼女は、周囲の人々とうまくコミュニケーションを図れずに周囲から孤立していると感じていた。自分にはふさわしくない地位を手にしたという確信を強めるようになり、罪悪感すら覚え始める。そして「こうなったのは何かの間違いだ」と独りごとを言うようになる。就任する前から辞職を考えさえした。睡眠の質はますます悪化する。以前も四、五時間しか眠っていなかったのだが、それさえも不可能になる。ベッドに横になって目が冴えたまま、さまざまなことに思いをめぐらせていたのだ。朝起きたときの彼女の様子はとりわけ陰鬱だった。少し気が楽になることがあっても、それは夕方に限られた。

やがてジュディーは、朝ベッドから起き上がることさえできなくなる。空腹でもないのに、努力し集中してまで、なぜ朝食をとらなければならないのか？　全身が痛み、動悸がするように感じられる。

最悪の事態は、夫や、一〇歳と一二歳になる二人の子どもとのつながりの感覚を失ったことだ。自分の夫、自分の子どものように感じられず、彼らはもっとよい妻、もっとよい母親に値するはずだと考え始める。夫は彼女に何が起こっているのかを理解していた。過去にも二度ほど妻が同様な状況に陥ったのを見てきたからだ。二度とも、ポジティブなできごとがきっかけで始まり、今回と同じような症状が見られた。不眠、猜疑、罪悪感、食欲減退から始まって、やがて夫や子どもたち、さらには社会から疎遠になっていったのである。夫は友人や家族に、「彼女は抑うつに閉じ込められている」と話していた。次に何が起こるかも彼にはわかっていた。たとえ本人は認めなくても、彼女はやがて自殺念慮を抱くようになるはずだった。

ジュディーの実家の家族も、彼女の抑うつについてよく知っていた。彼女の叔母と、ロシア革命の折にアメリカに移住した祖母は、何度か同様の症状を起こしたことがあった。ただし、彼女たちが精神療法を受けたか否かはよくわかっていない。いずれにせよ、これほど事態が悪化したからにはジュディーの入院は避けられない状況になった。

「遺伝子 - 脳」問題

抑うつとは何か？　ジュディーの例は、通常の抑うつ（精神科医の用語で言えば大うつ病性障害〈ＭＤＤ〉）をモデルにしたものではない。つまり、ふだん私たちが、「とても憂うつだ」と口にするときに意味している状態とは異なる。ジュディーの抑うつは治療を要する重度の症状を呈し、彼女を無力化している。思考、知覚、行動、情動はすべて、凍りつき、機能しなくなり、否定的なものと化す。ある患者は私に、「出口のない真っ暗闇のトンネルのなかにいるかのようだ。どう感じるのかって？　おぞましさ、不安、絶望を感じる。抑うつになるとまさにそう感じるんだ」と語ってくれた。

抑うつは、はるか昔の時代から存在する。多くの芸術家が、それをテーマにして書き、絵に描き、彫刻している。初期の頃、とりわけ中世の時代には、抑うつは、魂の異常な闇に関連するもの、生きた霊魂の欠如や離脱に関わるものとしてとらえられていた。この迷信のため、抑うつを抱える人は汚名を着せられ、罰せられることが多かった。現代人はもっと賢くなったのかもしれないが、今でも、あらゆる「心的障害」に汚名がつきまとう。これから見ていくように、抑うつには脳が関係する。この事実は、四〇年ほど前から知られていた。しかしようやく最近になって、抑うつの原因は、内因性の脳活動の変化、および内因性の脳活動と環境の関係の変化に求められる可能性があることが知られるようになった。

抑うつには、二つの典型的な要因がある。一つは、ジュディーの例でもわかるように、遺伝的な要因である。ただし、抑うつに遺伝的な要素があることは明らかだが、正確な遺伝経路はつかめていない。つまり、経験に依存する遺伝子の発現が世代をわたって伝達され、次世代に抑うつ、もしくはその発症リスクが受け渡される原因、方法、タイミングに関しては何も解明されていない。また、関連する遺伝子が、いかに脳の神経活動に影響を及ぼしているのかについてもわかっていない。

脳にはセロトニンと呼ばれる生化学物質が存在し、どうやらそれが抑うつの発症に重要な役割を果たしているらしい。セロトニンは皮質下の領域、とりわけ「縫線核《ほうせんかく》」と呼ばれる組織に由来する。縫線核は脳の他の部位、とりわけ上部に位置する前頭前野、側頭葉、頭頂葉の皮質に向けセロトニンを送り出し、それらの神経活動を調節する。抑うつの治療には、よく知られた抗うつ薬プロザックのような選択的セロトニン再取り込み阻害薬が用いられる。プロザックはセロトニンを調節するので、それによる抑うつ症状の緩和効果は、セレトニンレベルの変化が抑うつに重要な役割を果たしていることを示す。

たとえば、セロトニンの生成を調節し、その輸送に影響を及ぼす遺伝子の効果が、生化学的なレベルや行動のレベルで調査されているほか、セロトニンが重要な役割を果たしていると見られる、抑うつなどの精神神経疾患を対象に調査されている。それによると、関連する遺伝子にそれぞれ異なるバリアント（多様体）が存在し、そのため、セロトニンなどの物質の産生に関する遺伝子の発現にわずかな相違が生じ得る（概説はNorthoff, 2013を参照されたい）。同じ遺伝子であっても、塩基配列に「多型」と呼ばれる差異が存在する場合があり、たとえば、セロトニンに関連する同じ遺伝子に、二つの遺伝子バリアントが存在することがある（同じ遺伝子が、塩基配列の異なる複数の形態をとる、つまりバリアントを持つことがあり、これを「対立遺伝子」と言う）。こうしたセロトニンに関連する遺伝子のバリアントのうち優性なものは、そこに含まれる特定の多型のために抑うつなどの障害を発症する危険因子になり得る。最近の調査では、うつ病患者は、セロトニンの輸送タンパク質をコードするセロトニントランスポーター遺伝子（*SLC6A4*）に、プロモーター多型（*5-HTTLPR*）と呼ばれる特定の多型が生じている割合が、抑うつを抱えていない患者に比べて高いことが明らかになった（Northoff, 2013を参照されたい）。

この多型は、神経活動にも影響を及ぼす。健常者を対象に行なわれた脳画像研究によれば、S－対立遺伝子と呼ばれる遺伝子バリアントを持つ人には、情動の処理に関与する扁桃体に神経活動の増加が見られる。これは、別のバリアントであるL－対立遺伝子を持つ人には当てはまらない。親からこの遺伝子の一方のバリアントを受け継いだ人には、扁桃体の活動の増大、ひいては抑うつを引き起こす危険性が生じる。たとえばジュディーの扁桃体は、S－対立遺伝子を持ったために、新しい職につくなどの人生の重大時に異常な反応を示す傾向を備えているのかもしれない。そして彼女の扁桃体の反応は、続いて神経系や心理にさまざまな問題を次々に引き起こしたのである。このように彼女の抑うつには、おもな危険因子として、「遺伝子－神経」素因（人生の重大時に異常な反応を示すよう扁桃体を導く遺伝子）が作用していると考えられる。しかし、この遺伝子と神経の結びつきが生じる正確なメカニズムや、そのメカニズムが脳や、脳の神経活動から心への変換に行使している遺伝子－神経素因についてはよくわかっていない。

抑うつの研究には、心脳問題を解明するにあたって重要な哲学的意義がある。現代の哲学者は心と脳を同一視し、「心は脳にすぎない」「心的特性は神経的特性と見なすことができる」とよく主張する。しかし抑うつの研究が示すところでは、心的特性は神経的特性のみに還元されるわけではない。心は、脳やその神経活動と等しいわけでは、ない。心とその特性は、脳と遺伝子の産物である。つまり、神経から心への変換の基礎をなすメカニズムの研究は、遺伝子と神経の結びつきの研究によって補完されなければならない。脳の神経的特性、およびそれが心的特性に変換される方法を解明したければ、脳の遺伝子的な構成要素、およびそれと神経的特性の結びつきを理解する必要がある。ここに、心脳問題を補完する遺伝子と脳の関係の問題を提起することができる。次にそれについて検討しよう。

「世界－脳」問題

多型だけがゲノムの問題ではない。当初は、遺伝子によってセロトニンなどの特定の物質のレベルが直接コントロールされていると考えられていた。だが、その見方は正しくない。多型のほかにも、同じ遺伝子のコピーが複数生成されるという現象がある。これはコピー数多型（CNV）と呼ばれる。しかし私たちが日常使っているコピー機同様、コピーのプロセスは、必ずしも円滑に実行されるわけではない。そのため、同じ遺伝子のいくつかのコピーが生じる結果、欠陥が潜むことがあるのだ。かくして生じた削除、挿入、重複などの種々の欠陥が、統合失調症や抑うつなどの精神障害に関与し得る。ただし現時点では、「ゲノムは完全に解き明かされた」とはとても言えず、これらの欠陥があることによって正確に何が起こるのかはわからない。

遺伝子のコピーのプロセスは、戦時中であれば空襲、平和時であればトラウマを引き起こす幼少期の性的虐待、児童虐待などといった、大きなストレスがかかる人生の重大事を経験することで変えられ、混乱をきたすことがある。その種の強力なストレス要因は、（現在はまだ未解明の）

何らかの痕跡をゲノムに残す。その影響は、先ほどあげたCNVに見られるコピー数異常という欠陥として現われるかもしれない。CNVの異常なコピーが原因で、ジュディーの例に見られるように、人生の重大事の強い影響を受けることで抑うつが引き起こされるのか否かについては、まだよくわかっていない。とはいえ現時点でも、ゲノムは環境の影響を直接受けるほど、環境と密接に結びついていると言うことはできる。専門家は、この相互作用を「遺伝子と環境の相互作用」と呼ぶ。なお、環境との密接な関係は脳にも当てはまり、「脳と環境の相互作用」について語ることもできる（Northoff, 2013を参照されたい）。

これらの話が、哲学者が「心」と呼ぶものと脳の関係をめぐる、より包括的で哲学的な見方とどう関わるのだろうか？　それらによって「遺伝子は遺伝子、脳は脳」という見方が正しくないことがわかるというのが、その答えだ。脳は神経活動のための器官であるばかりでなく、遺伝子や、遺伝子と神経との連携によって調節されている。また、遺伝子はただ遺伝子であるだけではない。多型やCNVがもたらす複雑かつ包括的な変化についてはすでに述べた。だが、その解明の試みはまだ始まったばかりだ。現時点では考えられもしない何らかの要因が、将来明るみに出ることも当然あり得る。いずれにせよ、遺伝子はその発現様式に関して、環境が与える文脈や、人生の重大事によって影響を強く受ける、という点を強調しておきたい。遺伝子は単に遺伝子であるばかりでなく、遺伝子＋環境なのだ。この基本的事実は、抑うつなどの精神障害のみならず、脳一般の性質を解明するうえでも重要な意味を持つ。脳は遺伝的な文脈ばかりでなく、環境的、生態的な文脈のもとにも置かれている。脳の神経活動を、私たちが心的活動として経験しているものに変換することを可能にしているのは、まさにこの神経‐遺伝子、および神経‐環境の関係であると見なせる。言い換えると、脳による神経活動から心への変換は、脳の遺伝子‐神経の結びつき、さらには脳の生態的、環境的な統合に依拠する。

この定式化は、哲学者や、彼らが提起する心脳問題にとって重要な意味を持つ。心は、脳と神経活動に単純に還元できるものではない。脳は、脳＋遺伝子＋環境なのだから。ならば哲学者は、自分たちの見方を逆転すべきであろう。つまり、心の本質や、心と脳の関係を問うのではなく、脳の本質や、脳と遺伝子、そして究極的には世界との関係を問うべきだ。かくして心脳問題は、「遺伝子‐脳」問題、さらには「世界‐脳」問題に置き換えられる。これら二つの問題に対する答えは、心的特性の本質や、それが脳の神経的特性とどう関係しているのかをめぐる問い、すなわちもとの心脳問題の解明にも役立つだろう。もしそうであれば、哲学者は、心脳問題を「遺伝子‐脳」問題や「世界‐脳」問題に置き換えるべきである。

遅効セラピーと即効セラピー――時間と脳

抑うつには、グルタミン酸という神経活動を高める（つまり「興奮」を引き起こす）化学物質も関与する。グルタミン酸は受容体に結合することによって神経の興奮を調節するが、この受容体には、ケタミンという他の化学物質も結合する。どうやらケタミンは、この受容体を遮断して、いわばグルタミン酸が部屋に入って神経を興奮させないよう門戸を閉ざすらしい。より専門的に言うと、ケタミンは、抑うつにおける異常に高揚した神経の興奮と安静時脳活動を低下させる(Northoff et al., 2011)。つまりその作用は、心的な問題を引き起こしている異常に高い覚醒度と興奮を正常化するのだ。他の薬とは異なり、ケタミンはうつ病患者に対し、直接的かつ即効的な治療効果を持つらしい。重度の抑うつと強い自殺念慮を抱く患者が、ケタミンにとりわけ良好に反応する理由やそのメカニズムは、まだ明らかにされていない。

とはいえ、ケタミンの治療効果の発見が大きな前進である点に疑いはない。ケタミンが持つ直接的で即時的な効果は、何らかの治療効果が現われるまで通常一〇～二〇日かかる他の一般的な抗うつ薬（セロトニン、アドレナリン、ノルアドレナリンなどの他の生化学物質を調節する薬）とは対照的である。これら遅効性の医薬品の場合には、患者も精神科医も、効力が現われるまで待つ以外何もできない。また、どの患者にどの薬品が効くのかをあらかじめ知ることもできない。ケタミンとその即効性によって、このような遅れを短縮できるのである（ただし副作用として、めまいや知覚の変化が生じる場合がある）。

このような遅効性と即効性の違いは、脳一般に関して何を教えてくれるのか？　それは、脳の機能を解明するにあたって時間次元の考慮が必要であることを教えてくれる。脳は、異なる時間《タイム》の尺度《スケール》（短期、中期、長期）に基づいて働く神経メカニズムを、それぞれ別個に持っている。つまり脳内には、独自のメカニズムと効果を持ち、並行して作用する複数のタイムスケールが存在する。現在のところ、独自のメカニズムと効果を持つさまざまなタイムスケールの詳細に関しても、ましてやそれらが互いにどのように結びつけられ統合されているのかに関しても、よくわかっていない。たとえば、精神疾患は単に、脳内で作用しているさまざまなタイムスケールの統合の異常に起因するということも考えられる。ただし現時点ではそれを実証する研究はなく、この考えは仮説にすぎない。

「時間 - 脳」問題——ストレスと睡眠（の不足）

次に、ジュディーの例から、抑うつの二番目の典型的な特徴について考えてみよう。抑うつの発症は、この例にも見られるように、人生の重大事によって引き起こされる場合が多い。またそれは、ポジティブなできごとによってもネガティブなできごとによっても引き起こされ得る。たとえば、最愛の人の死、職場でのトラブル、昇進などである。抑うつは、ストレスを受けているという本人の認識と関連していることが多い。客観的に見ればストレスがかかる状況でなくても、本人はそれをネガティブなあり方で認識し経験することがある。つまり変わるのは主観的な知覚なのである。たとえば、ジュディーにとって昇進は長年の夢であったにもかかわらず、実際にそれを手にした途端、彼女はそれをひどくストレスに満ちたものとして認識し始め、その仕事をこなすだけの能力が自分にあるかどうかが心配になったのだ。

興味深いことに、ニューヨークのジェラルド・サナコラは、うつ病患者の視覚皮質においては、興奮性伝達物質のグルタミン酸のレベルが低下していると報告している（たとえばSanacora, Mason, & Krystal, 2000を参照されたい）。またこの発見は、視覚における心理的な異常が、視覚皮質における神経的な異常に関係することを示したゴロム（2009）らの研究によって補完される。こうした視覚異常は、人生の重大事がもたらすストレスに起因する知覚の異常を説明するのか？現時点ではその答えはわかっていないが、うつ病患者は図形をよりぼんやりと知覚しているという発見に鑑みれば、知覚、とりわけ視覚は、抑うつによって変化すると考えられる。

抑うつのもう一つの主要な特徴は、睡眠障害、ならびに朝と夜の気分の違いである。ジュディーはその典型で、朝起きたときにふさぎ込みやすい。うつ病患者は、目覚めたときにこれから難儀な一日が始まると感じて、特に陰鬱な気分に陥る。しかし夕方になると、一日が終わろうとしているためか負担が軽くなったと感じ、彼らの気分はいくぶん晴れる。神経生物学的に言えば、脳は睡眠－覚醒サイクルを統制する概日《サーカディアン》リズムを備えている。うつ病患者では、視交叉上核と呼ばれる脳の小さな領域に位置するこのサーカディアンシステムが、異常をきたしているらしい。注目すべきことに、睡眠時間をすべて、もしくは半分そがれると、翌日には有益な効果が得られる。なぜか？　いかなるメカニズムによってか？　これらの問いに対する答えは、まだ解明されていない。

このような観察結果は、脳がさまざまなタイムスケールで働くというわれわれの仮説を裏づける。ミリ秒単位のスケールもあれば、二四時間の周期を持つサーカディアンリズムなどのより長いスケールもある。では、脳はこれら複数のタイムスケールとその差異をいかに統合しているのか？　抑うつにおいては、異なるタイムスケールのあいだで脱協調が生じ、この疾病に特徴的な症状を引き起こしているのではないかと考えられる。これらのデータが示すところでは、脳は単なる神経組織ではない。それは時間的な器官、つまり異なるいくつかのタイムスケールを生み、構造化し、統合する時間エンジンでもある。

このような時間的な要素は、哲学的な定式化にも関連する脳の概念にさらなる光を当てる。脳とその神経活動を時間と切り離して考えることはできない。時間と多様なタイムスケールは、脳の基本的な特性である。前述したように、脳は単に脳であるのみではない。ここで脳の特徴として、もう一つの要素を加えることができる。脳は脳＋時間（＋遺伝子＋世界）である。これは、世界における時間の存在と脳における時間の存在との関係について、次のような哲学的な問いを提起する。「脳とその神経活動は、世界における時間と、その多様なタイムスケールにいかに結びついているのか？」、すなわち「世界における多様なタイムスケールは、脳のなかでそれぞれに対応するものが存在するのか？　存在するのなら、それらはいかに相互に結びつき統合されているのか？」。これらのタイムスケールが統合されていることは、昼夜のリズムに対する脳、とりわけ視交叉上核の適応によって実証的に裏づけられる。これは、実に驚嘆すべきことだ。この脳領域の神経活動は、いかに時間的に構造化され、昼の光と夜の闇が交替するリズムに従って他の脳領域をコントロールしているのだろうか？　脳と脳のなかの時間は、明らかに世界の時間と密接に結びついている。したがって、「遺伝子－脳」問題と「世界－脳」問題を補完する「時間－脳」問題をここに提起することができる。

自己焦点化、身体焦点化の高まり

簡単に復習をしておこう。抑うつは、極端にネガティブな情動、自殺念慮、絶望、さまざまな身体症状、快感情の欠如、反芻《はんすう》〔本章の後半部で説明される〕、ストレスに対する過敏性によって特徴づけられる精神疾患である。うつ病患者の自己は変化し、「自己焦点化」の高まりが見られる（Northoff, 2007）。ある著者は、自己焦点化に関して次のように述べる。

彼女は窓のそばにすわり、外ではなく内を見ていた。彼女の思考能力は、悲しみで消耗していた。自分の人生を壊れたものと見なしていたが、正確にどの瞬間に壊れたのかを指摘することはできなかった。「何でこんなふうに感じるようになったのだろう？」と何度も自問した。そう自問することで、抑うつを克服できるのではないかと期待していたのだ。理解を通して、抑うつを修理しようとしたとも言えよう。しかしその思いとは裏腹に、自問は彼女をますます自己に沈潜させ、回復に至る道から遠ざけた。(Treynor, Gonzalez, & Nolen-Hoeksema, 2003, p. 247)

うつ病患者に関するこの記述には、自己焦点化の高まり、自己とネガティブな感情との結びつき、自己に関わる認知処理の増大という三つの重要な特徴が示されている。自己焦点化の高まりから検討しよう。ジュディー同様、うつ病患者はたいてい、外ではなく内を見る。自己へと焦点を絞り込み、他者に焦点を移すことが困難になる。社会心理学の理論は、自己焦点化した注意を、外来(環境など)ではなく内来(自己の身体や心など)のコンテンツに焦点を絞ることと見なしている。また自己焦点化では、現在や過去の身体的な振る舞いへの気づきが高まる場合もある(つまり、自分が今していることに対する認知や、「~であるとはどのようなことか」という経験のどんな質をともなって、どのように自己を知覚するかという認知が高まる)。うつ病患者の焦点は自己に加えて自分の身体にも置かれ、その結果、さまざまな部位に及ぶ身体症状の主観的な知覚をもたらす。それゆえ自己焦点化の高まりは、私が「身体焦点化の高まり」と呼ぶ現象をともなう可能性がある。

自己焦点化や身体焦点化が、なぜ哲学的な探究と関係するのか? それらは、自己と身体が互いに密接に関連することを教えてくれる。というのも、自己焦点化の高まりは、身体焦点化の高まりをともなうケースが多いからだ。しかしこの関係は、自己を身体に還元できることを意味するわけではない。それらははっきり区別できるものであり、自己と身体を同一視するK・クリストフやE・トンプソンらの哲学者（Christoff et al., 2011を参照されたい）が考えているように同一なのではない。さらに言えば、自己のみが主観的なのではなく、身体も主観的である。身体は主観的な様態で経験することができ、それをメルロー＝ポンティ（1945/1962）は「生きられた身体」と概念化した。抑うつによって変化するのは、まさにこの主観的な生きられた身体なのである。

具体例をあげよう。客観的な身体は、たとえば背が高いか低いか、太っているか痩せているかなど、他者が観察できる物質的な身体をいう。それに対して主観的な身体は、本人が自分の身体を経験するあり方に関わる。人は自分の身体を、客観的に見れば痩せていても、いやそれどころか（拒食症におけるように）骨と皮ばかりの状態でも、太っていると感じることがある。こうしてみると、身体の客観的な観察と身体の主観的な経験のあいだには、かなりの齟齬《そご》があるはずだ。

生きられた身体とは、正確にはいったい何を意味するのか？「生きられた身体」とは、客観的な物質的身体＋その身体を主観的に経験するあり方だと言える。クリストフやトンプソン（Christoff et al., 2011を参照されたい）、あるいはギャラガー（2005）らの現代の哲学者は、生きられた身体が心脳問題（ゆえに心身問題ともとらえられる）の謎を解くカギであると主張する。生きられた身体の主観的な本性は、心的特性の形成を可能にし、そしてそれゆえ、いかに心が形成されるのか、そしてそもそも心とは何かを理解する際のカギになると考えているのだ。端的に言えば、「心は生きられた身体」なのである。

しかしこの言明は、効果と起源を取り違えている。生きられた身体は、哲学者が言うところの心の効果であって、その起源ではない。私たちは、目の前のテーブルのような客観的に存在する事物《コンテンツ》を主観的に経験する。同様に、客観的な身体のような純粋に内的なコンテンツを主観的に経験し、その結果「生きられた身体」と呼ばれるものが生じる。こうしてみると、起源が内的なもの（身体）であろうと、外的なもの（テーブル）であろうと、純粋に客観的なコンテンツの処理に対して主観性の付与が生じることがわかる。

純粋に客観的なコンテンツを超越する経験を可能にする、この主観性の付与は何に由来するのか？　私の考えでは、それは脳とその安静時活動に由来する。つまり脳の安静状態によって、起源が内的か外的かを問わず客観的なコンテンツを処理する脳の神経活動に主観性が付与されるのだ。したがって脳の安静状態は、客観的な身体とは区別されるものとしての生きられた身体の起源をなす。つまり生きられた身体は、主観性の付与の起源ではなく効果なのである。このように考えると、生きられた身体を心の起源と見なしたり、さらに過激に心脳問題全般に対する答えと考えたりすることは、効果（生きられた身体）と起源（脳の安静状態）の単なる取り違えの結果であることがわかる。

環境と心の相互バランスに対する注意の低下

自己焦点化と身体焦点化の高まりは、抑うつを抱える人の注意が、健常者のように環境や外的なできごととの関係には向かわず、もっぱら自分自身に向けられることを意味する。かくして環境は背景と化す。環境に注意が向けられなくなると、患者の主観的な知覚と経験は、自己の身体と思考に向かうようになり、これまで見てきたように自己焦点化が昂進する。つまり抑うつ状態に陥ると、患者の注意の焦点は、環境に対する知覚や関係を犠牲にして、一方的に自己に置かれるようになるのだ。

この見方は、実験データによって裏づけられる。自己焦点化された注意を種々の尺度や方法を用いて評価した研究はすべて、抑うつ状態では自己焦点化が高まり、それがおそらく長時間にわたって持続することを見出している（Ingram, 1990）。ただし、この自己焦点化の高まりが純粋に意識的なものなのか、それとも無意識のうちに生じているのかに関しては、よくわかっていない。意識的なものであれば、それは刺激や課題によって引き起こされた活動や、こうした活動に関与する認知機能に結びついているはずだ。それに対し、無意識的なレベルで生じているのなら、それはより深いレベルで、たとえば安静時脳活動によって引き起こされると考えられる。この可能性については、のちに検討する。

さらには、自己に関わる認知処理の増大が生じる。冒頭の症例に戻ると、ジュディーは自分自身のことや自分の気分について考え、懸命に抑うつの原因を発見しようとした。しかしそうすることによって、彼女はますますふさいだ気分に落ち込んでいった。このような自己に関わる認知処理は、「反芻」と呼ばれる。それはネガティブな気分に対処しようとしてとられる試みと考えられ、それには自己焦点化された注意や内省の高まりがともなう。

総合すると、うつ病患者は、自己焦点化や身体焦点化の高まりと、環境焦点化の減退から成る複合症状を抱えている。心脳問題という観点からすると、これにどんな意味があるのか？　それは、脳は自己、身体、環境から構成される三角形の内部に存在するものとしてとらえるべき、と教えている。自己、身体、環境は、不断の相互調整のもとにバランスがとられている。したがって自己や身体に対する焦点化が高じると、環境への焦点化が減退する。その逆の現象が起こると、つまり自己や身体に対する焦点化が減退し、環境に過度の焦点が置かれると、抑うつとは正反対の症状を生む躁病《そうびょう》になる。躁病患者は、異常な幸福感を示し、激しく興奮する。

この相互バランスは、心と脳の特性を突き詰めるうえでどんな意味があるのか？　この相互バランスは、さまざまな心のコンテンツ、すなわち自己、身体、環境に関連する心的なコンテンツと関係がある。それゆえ心の特性は、自己、身体、環境三者間の関係に内包されるさまざまなコンテンツの相互バランスによって特徴づけられる。このバランスはいったいどこから生じるのか？　心の内部から生じるのかもしれないが、そう考えるなら、何らかの心の実体を想定し、それと脳の関係を問う、従来の哲学的な見方に戻らなければならない。ならば、脳と、その安静時の神経活動の検討から出発すべきではないだろうか？　私はその方針をとる。

脳の本質的な設計——正中線に沿う構造と相互バランス

自己、身体、環境三者間の相互バランスはどこから生じるのだろうか？　この問いに答えるために、うつ病患者を対象とする脳画像研究の検討に戻ることにしよう。安静時脳活動を中心に抑うつを調査したあらゆる脳画像研究を総括するメタ分析から、前頭前皮質と皮質下領域の双方における正中線領域のいくつかに、過剰な活動が見られることが報告されている。また、これらの領域とは対照的に、背外側前頭前皮質（DLPFC）などの、正中線からはずれた側方に位置する領域〔以下正中線外領域と訳す〕の安静時活動は、低下していた。どうやら、活動過多の正中線領域と、活動が低下した正中線外領域のあいだに何らかの相互バランスが見られるようだ。この神経活動のバランスは、自己焦点化と環境焦点化のあいだの、さらにはそれらのコンテンツ同士の相互バランスとも関係しているのだろうか？

人間を対象にした研究のほかに、抑うつに類似した行動をマウスやラットなどで再現する抑うつのモデルが作られている。そうしたモデルの一つに、泳ぎのテストを強いるものがある。このテストでは、ラットやマウスを水に入れ、強制的に泳がせる。抑うつに陥りやすいラットやマウスは泳がず、水中という新たな環境ではほとんど動かない。これは、うつ病患者があまり動かないのと似ている。なぜ動物モデルを使うのか？　分子メカニズムや遺伝子による影響については、標的の分子や遺伝子に変化を加えることで研究が可能となる（人を対象にその種の実験をすることは許されない）。たとえば動物では、扁桃体や正中線領域など、特定の脳領域の神経活動に特定の遺伝子が及ぼす因果効果を研究できる。このような研究の結果によって、人間の脳を対象とした観察研究を因果的に裏づけることができるのである。非常に興味深いことに、ラットやマウスを使った実験では、いくつかの分子や遺伝子に変更を加えたところ、いずれのケースでも前頭前皮質の正中線領域に安静時活動の異常な高まりが引き起こされた（Alcaro, Panksepp, Witczak, Hayes, & Northoff, 2010）。この発見は、正中線領域が分子や遺伝子のさまざまな変化が集積し、過剰な安静時脳活動を引き起こす最終経路をなすことを示唆する。

要するに、人を対象とする研究と動物実験は、安静時活動が正中線領域では増大し、正中線外領域では減退するという点で共通するようである。この情報は重要だ。というのも、正中線領域と正中線外領域の相互バランスや、それらが含むコンテンツ同士の相互バランスが、自己と環境に関係することを示唆するからである。うつ病患者では、正中線領域と正中線外領域の安静時活動の相互バランスが明らかに崩れている。つまり、皮質でも皮質下でも正中線領域の安静時活動は異常に高く、それに対しＤＬＰＦＣなどの正中線外領域の安静時活動は異常に低いのである。

うつ病患者に見られるこのような安静時活動の異常は、一方では自己焦点化の高まりが、他方では環境焦点化の減退が生じるというバランスの欠如とどう関係するのか？　情動を喚起する絵や言葉（「特性語」と呼ばれる）をうつ病患者に見せるｆＭＲＩ研究が最近いくつか行なわれている（Freton et al., 2014; Grimm et al., 2011）。その結果、うつ病患者の脳は、（自己非特定的な刺激を受けた場合に比べ）自己特定的な刺激に対して異常に高い活動を示すことがわかった。

また、健常者に比べてうつ病患者では、自己特定的な活動の異常な高さがネガティブな情動的刺激に起因することが行動をとおして示された。この自己特定的な活動の異常な高さ、および抑うつ症状の重さは、自己特定的な刺激を与えられたときに正中線領域で生じる異常な活動の高さと相関していた。つまり、刺激に喚起されて生じた、うつ病患者の正中線領域の異常な活動は、自分の抑うつ症状だけでなく、外部刺激に割り当てられた自己特定的な活動の異常な高まりとも関連するのである。

さてここで、この発見の包括的な意味を考える前に留意すべき点を指摘しておく。これらのデータは、安静時活動の異常そのものが自己焦点化の高まりに関与することを示しているのではない。そうではなく、これらのうつ病患者では、外部から与えられた自己特定的な刺激に反応して喚起された活動が異常なのである。安静時活動と自己焦点化の直接的な結びつきは、現時点では実証されていない。さらに言えば、正中線外皮質領域の安静時活動の低下が、環境焦点化の減退とどう関係するのかも明らかにされていない。

正中線領域における安静時活動の高まりは自己焦点化（およびおそらくは身体焦点化）の増大を、また、正中線外領域における安静時活動の低下は環境焦点化の減退を意味する。かくして、

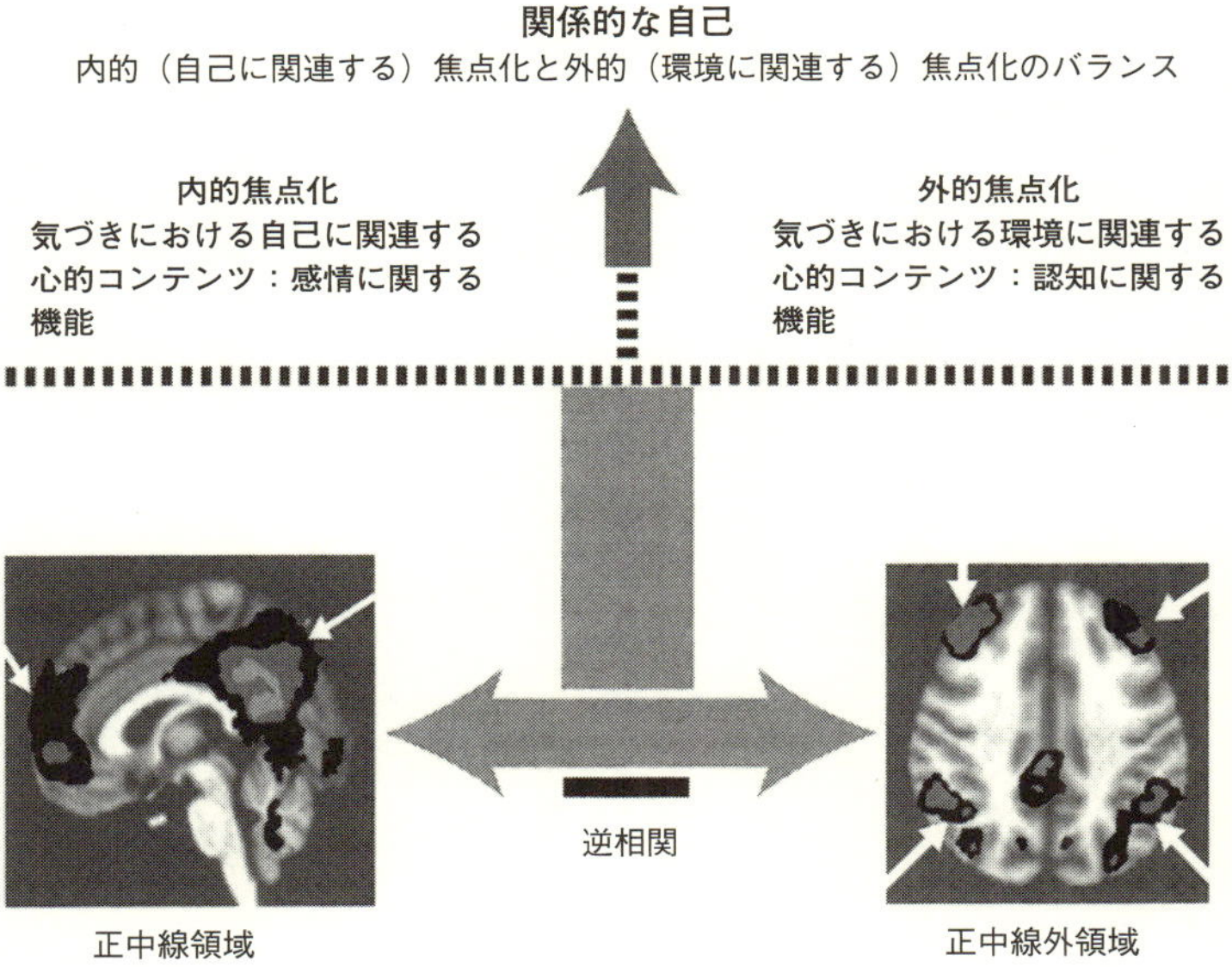

図4.1a

自己に関する心的コンテンツと環境に関する心的コンテンツの相互バランスは、正中線領域の活動レベルと正中線外領域の活動レベルの相互バランスにまでさかのぼれるということがわかる。要するに、正中線領域や正中線外領域の安静状態と、その空間的な組織構造は、(自己や身体に関する)内的な心的コンテンツと(環境に由来する)外的な心的コンテンツとの間の相互バランスの素因なのだ。

　この相互バランスへと向かう素因には、重要な哲学的意義が存在する。なぜならそれは、心的コンテンツ同士の相互バランスを説明するのに心の実体を持ち込む必要がないことを示すからだ。心ではなく、安静時脳活動の空間的（および時間的）構造と、それがいかに正中線領域や正中線外領域の活動に関係し、それらの領域で作動しているのかを理解する必要がある。残念ながら、これら領域間の相互バランスの基盤をなすメカニズムは、まだ解明されていない。あるいは相互バランスが存在しないケースも、見方としては考えられる。その場合、自己焦点化の高まりには、環境焦点化の（減退ではなく）増大がともなうだろう。しかしどうやら脳には、正中線領域と正中線外領域のあいだの、また、自己に関する心的コンテンツと環境に関する心的コンテンツのあいだの相互バランスの素因となる、内因的なメカニズムが存在するようだ。

哲学的な観点から見た場合、この脳の内因的なメカニズムは何に由来し、いかに構築されるのか？　それは進化の結果として生まれたものなのかもしれない。ならば、世界と脳の関係に関する問題、すなわち「世界‐脳」問題に戻る必要がある。このバランスの相互性は、遺伝的に前もって準備されていることも考えられ、そうであれば「遺伝子‐脳」問題の一部と見なし得る。内的な（自己、身体に関する）心的コンテンツと、外的な（環境に関する）心的コンテンツなどの、さまざまな心的特性を理解するためには、脳が本来備える設計特性の本質と起源を正しく理解しておく必要がある。よって哲学者は、心の本性や、心と脳の関係を問うよりも、脳自体の本性と、その本来の設計特性をこそ論じるべきであろう。より包括的に見るなら、この視点は、これまで支配的であった心の哲学に取って代わる、脳の哲学の発展を促進する（Northoff, 2004を参を参照されたい)。

照されたい)。そしてこの哲学は、「心にこだわる」のでなく「脳にこだわる」のだ (Northoff, 2014d

関係的な自己

ここまでの議論を通じて、私は、抑うつが脳、脳と心の関係、さらには心脳問題に関して、多くの情報を提供してくれることを示してきた。心の主要な特性の一つは自己である。自己は、心の典型的な現われの一つと見なすことができる。だから自己の謎の解明は、心脳問題に対する答えを提供してくれるはずだ。よって、まず自己を概念化したうえで、心脳問題について再度考察することにしよう。

抑うつは自己の概念に関して何を教えてくれるのか？　これまで見てきたように、抑うつは、環境焦点化の減退による自己焦点化の高まりとして、大雑把に特徴づけることができる。うつ病患者は、反芻をともなう異常に強い自己焦点化を経験し、同時に環境からの断絶を感じる。自己焦点化の高まりと環境焦点化の減退はセットであり、逆相関の関係にあると思われる。つまり一方が高じれば、他方は減退するのである。

自己焦点化と環境焦点化のあいだに認められるこの相互依存性は、自己の概念に関して次のことを教えてくれる。経験の主体たる自己でさえ、環境から孤立し、独立しているとは見なし得な

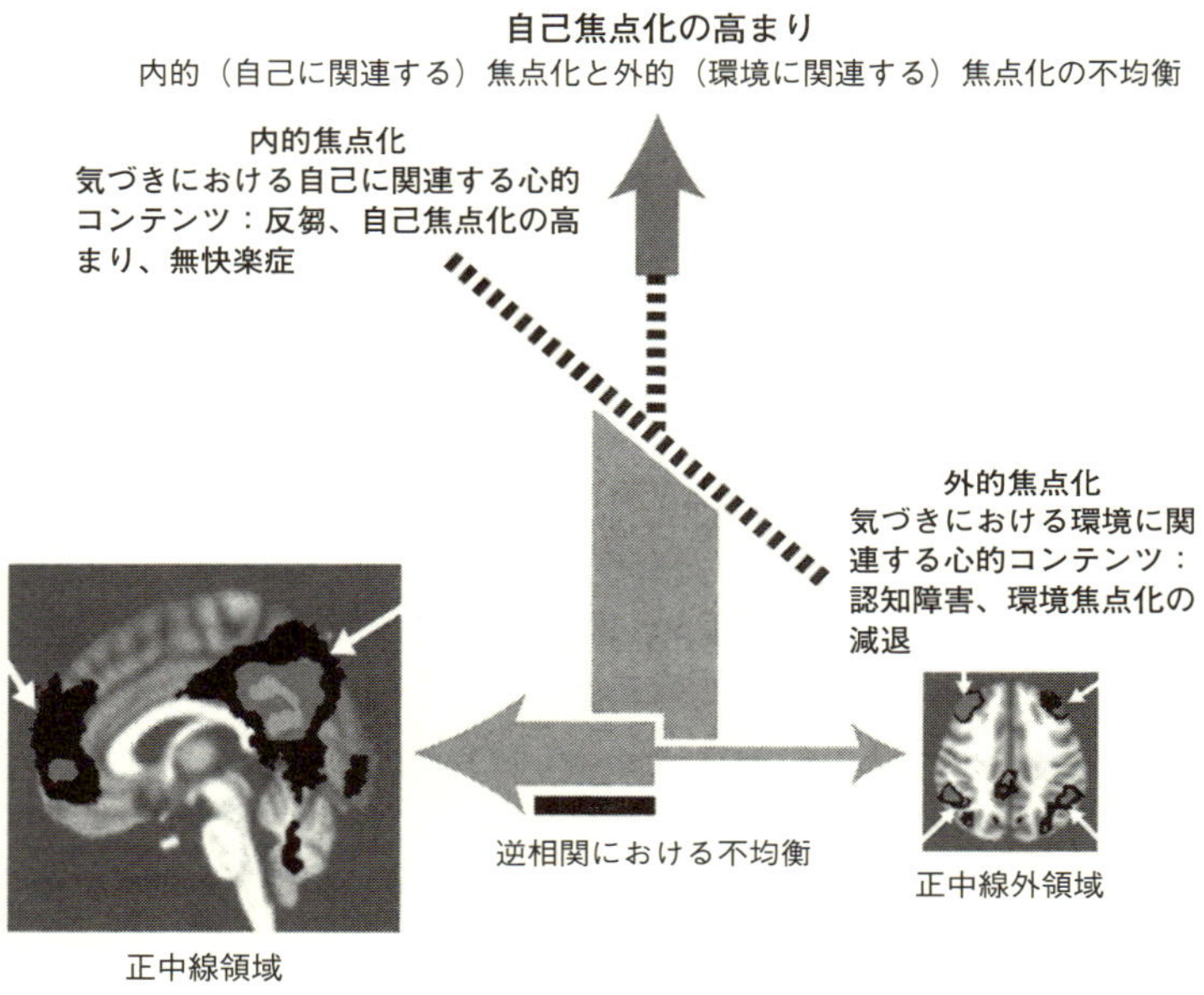

図4.1b

い。自己は、環境から切り離されているのではなく、環境に深く埋め込まれているのである。

　このように考えると、自己を環境への埋め込みによって特徴づけ、埋め込まれた自己と呼ぶべきかもしれない。埋め込み(embeddedness)という概念は、対応する文脈、すなわち環境と自己との結びつきと統合を意味する。この統合は、経験の主体としての自己が持つ本質的で必然的な側面なのか？　その答えは現在のところわかっていない。

　しかしそれが真実なら、経験の主体としての自己は環境との関係によって定義されることになる。抑うつに陥ると、自己と環境の関係が、まったく消失するわけではないとしても減退するように思われる。うつ病患者は孤立して、配偶者、子ども、仕事、社会関係などを含め、環境から切り離されていると感じる。他者と関係しつながることができなくなったと感じ、一方で注意の焦点は環境から自己に移る。うつ病患者の自己は、環境への埋め込みの度合いの低下を経験している、つまり環境から切り離され隔離されていると言えるだろう。

この定式化は、自己の概念が環境に埋め込まれたものとして定義されなければならないことを意味する。とはいえ、関係的な自己の特徴は、現時点では正確にはわかっていない。何が自己と環境の関係、ひいては経験の主体としての自己を構成し、その存在を可能にしているのか？　この問いは、実験や概念化を通して今後解明していく必要がある。

「心－脳」問題vs「世界－脳」問題

自己の関係的な本質と、抑うつで見られるその異常な発現から、脳、および哲学者が「心」と呼ぶものと脳の関係について何がわかるのだろうか？　前述のとおり、抑うつは皮質の正中線領域と正中線外領域のあいだに見られる、安静時脳活動のレベルの不均衡として特徴づけられる。私たちは今や、正中線領域と正中線外領域における安静状態の不均衡が、日常経験における自己焦点化と環境焦点化の不均衡に関係すると仮定できる。とはいえ、神経レベルの安静状態の不均衡が、生きられた経験における自己と環境の現象的な不均衡に対応すると想定するには、それを裏づける知見をさらに積み重ねる必要がある。つまり、神経レベルのバランスと現象的なバランスの関係を調査する必要がある。

概して言えば、抑うつは経験における自己と環境の不均衡、すなわち現象的な不均衡によって特徴づけられる。この視点は、自己の概念が単独では扱えないことを、すなわち環境との関係において考察されねばならないことを示唆する。先ほど見たように、自己は関係的なものであり、環境に埋め込まれているのだから。また、抑うつは正中線領域と正中線外領域の安静時脳活動のあいだに認められる神経レベルの不均衡を示す。これら両領域間の安静時のバランスは、経験の主体たる、環境に埋め込まれた関係的な自己の形成に中心的な役割を果たしているのだろうか？

その答えが「イエス」なら、両領域間の安静状態の不均衡は、自己の変化、および自己と環境の関係の変化をともなうはずだ。自己焦点化の高まりと環境焦点化の減退について論じた節で見たように、抑うつには実際にそれが当てはまる。さらに重要なことに、この不均衡は、内因性の脳活動には脳と環境の関係に関する何らかの情報が含まれていることを教えてくれる。

内因性の脳活動と、それが持つ、自己や、自己と環境の関係に関する情報は、実証的にも概念的にも重要な意味を持つ。実証という観点からすると、内因性の脳活動が、特定の機能（感覚運動機能や認知機能など）の動員に先立ち、独立して、いかに環境と結びつくのかを調査する必要がある。こうした機能はすべて、ある種の主体、すなわちそれらを経験する主体の存在を前提とする。それゆえ、環境に埋め込まれた関係的なものとしての経験の主体が形づくられるためには、内因性の脳活動と環境の結びつきは、それらの機能に先立って独立して生じていなければならない。

　このような概念化は、内因性の脳活動をどのように特徴づけるべきかという点で重要である。すなわち内因性の脳活動は、外部の環境に対立する純粋に内因的なものとはもはや見なし得ないのかもしれない。そうではなく、一見すると内因的であると思われる活動は、外部の環境から取り込まれ統合された情報によって特徴づけられるのかもしれない。言い換えると、内因的か外因的かの区分はかなりあいまいで、実証的に明確に区別することはできない。安静時脳活動は、純粋に内因的で脳の内部のみに関わるものでもなければ、純粋に外因的で脳の外部の環境のみに関わるものでもない。それは内因的でもあれば外因的でもあり、その両面的な性質によって、脳、身体、環境の三者間の相互接続のもとでの持続的な空間／時間の流れを可能にするのである。したがって安静時脳活動は、関係的なものとして特徴づけられる。

　脳の安静状態は、脳、身体、環境間の関係を間断なく構築する責任を担っているように思える。安静状態の異常は、これら三者の関係に異常を引き起こす。そこには、抑うつにおけるように、自己焦点化の高まりと環境焦点化の減退を引き起こす不均衡があるのかもしれない。また、エネルギーの欠乏によって陥る植物状態の特徴である、安静時脳活動の顕著な低下が認められることもあり、このケースでは、脳、身体、環境の関係は正しく構築されず、意識の喪失に至る。

自己、身体、環境三者の関係は、意識に関して何を教えてくれるのか？　それは、意識それ自体が、安静時脳活動と、それによる脳、身体、環境三者の関係の絶え間ない構築に依拠していることを教えてくれる。単純化すると、意識それ自体が関係的なのであり、それは安静時脳活動が関係的であるのと非常によく似ている。また、自己の関係的な本質に関しても同じことが当てはまる。ならば、意識や自己の感覚などの心的特性は、脳、身体、環境三者の関係、より包括的に言えば「世界－脳」関係に依存すると言えるだろう。それが正しければ、哲学者が心脳問題と呼ぶものは、「世界－脳」関係の問題として再定式化されるべきだ。つまり、心的特性の本質や起源に関する問いは、心や、心と脳の関係を想定することによってではなく、脳と世界の関係、より具体的に言えば世界と安静時脳活動の関係を念頭におきつつ解明されるべきである。したがって意識の問題は、より一般的で基本的な心と脳の関係をめぐる問題なのではなく、私が「世界－脳」問題と呼ぶ世界と脳の関係をめぐる問題としてとらえることができる。「世界－脳」問題は、世界と脳のあいだで共有される特性に関する問いを、さらには、それらがいかにして、安静時脳活動の素因となり、身体と世界の相互結合を間断なく構築しているのかという問いを提起する。この問いに答えようとする取り組みは、自己の感覚や意識などの心的特性の探究に新たな光を投げかけるだろう。そしてこれらの特性は、「世界－脳」関係の未知の形態へとつながっているはずだ。

第５章

世界を感じる

私たちは「世界－脳」関係をいかに経験しているのか？

前章で私は、心脳問題を「世界－脳」問題によって定式化し直すべきだと提言した。脳は世界とそこで生じる事象と密接に関連し、その内部に統合化されている。それによって「世界－脳」関係が形成されるのだ。非常に重要な点を指摘しておくと、「世界－脳」関係は、脳の純粋な神経の状態を自己の感覚や意識などの心的特性に変換する際に、中心的な役割を果たす。哲学的に言えば、この事実は、心を想定しつつ心と脳の関係を問う必要などもはやないことを意味する。前述のとおり、心脳問題はもはや時代遅れだ。その代わり私たちは脳と世界の関係、すなわち「世界－脳」問題を探究しなければならない。だが、どうすれば「世界－脳」関係の存在を示すさらなる証拠が得られるのだろうか？　私たちは意識のもとで、脳と世界の関係を経験しているのか？　ここに情動的感情が関わってくる。本章では、おもにそれについて検討する。

世界とのつながりとしての情動的感情

長年待望していた昇格を手にした直後に抑うつを発症したジュディーの例を思い出してみよう。彼女は、極端にネガティブな情動を経験して深い抑うつに陥った。さらに悪いことに、何の感情も湧かないことすらあった。周囲のできごとや人々、さらには彼らの微笑みやちょっとしたコメントに気がついてはいるものの、幸福にしろ、悲しみにしろ、いかなる感情も持てなくなったのだ。のちの回想によれば、何の情動も感情も湧かないような状態は、それまでの人生のなかでも最悪の経験であった。まったく感情を欠いていたその頃、彼女は他者や世間一般から完全に切り離されているかのように感じていた。つまり、情動的感情を欠けば、世界とのつながりが失われるのである。

情動的感情は、世界とのつながりを意味するのだろうか？　情動的感情を経験するときに、私たちは世界内における脳の統合、つまり「世界‐脳」関係を感じているのか？　これらの問いに答える前に、一般的な「情動」と、より特定的な「情動的感情」について考察する必要がある。哲学の分野では、情動をめぐる議論がこれまで長く続けられてきた。最近になって、これらの議論は、情動の神経相関に関する徹底的な研究によって補完されるようになってきた。たとえば、いくつかの皮質下領域（扁桃体など）が、悲しみなどのネガティブな情動に特に結びつけられるようになった。また、抑うつを発症すると、まさにこの領域が過剰に活性化することが報告されている。さらには、幸福などのポジティブな情動は、報酬に密接に関連する他の皮質下領域（線条体など）に結びつけられるようになった。

では、「情動的感情」とは何か？　この用語は、情動の主観的な経験を意味する。あなたは、幸福や悲しみを知覚する。これらは情動である。それと同時に、幸福であると、また悲しいと感じる。この感情は、情動の主観的な経験である。意識は、「〜であるとはどのようなことか」という質、すなわち特定の事象やコンテンツに関する主観的な経験によって決定されるという点を思い出そう。情動的感情とは、情動を対象とする主観的な経験、つまり意識的な気づきなのである。あなたは幸福、悲しみ、憂鬱を感じる。あなたが経験しているのは、これらの感情、言い換えると情動的感情の主観的な構成要素なのだ。本章では、情動の（客観的構成要素や純粋な情動そのものではなく）主観的構成要素について、それがいかに「脳－世界」関係を反映するのかについてを検討する。

「情動的感情」は、単なる情動からいかに区別されるのか？　自己や意識と同様、現行の定義の由来や、「情動的感情」がこのように定義されるに至った理由を理解するためには、哲学の歴史に立ち返ることが非常に有益である。ここでも有益な指針を提供してくれるのはルネ・デカルトだ。

デカルトは情動を、身体もしくは魂に起源を持つ知覚の下位分類と見なしていた。彼は情動を生きた魂の動きに結びつけたが、「情動は純粋に身体的なものとしてより、心的なものとしてとらえられる」と考え、この結びつきを偶然によるものと見なしていた。しかし、情動は身体なくしては存在し得ないというのが、彼の認識だった。つまり、魂が勝手に情動を決定できるとは考えていなかったのである。またデカルトは、情動のもう一つの大きな特徴として、心的な状態のもとで一人称的な視点を通じて主観的にとらえられるのみであり、したがって他者による外部からの三人称的な視点を通じて観察することはできないという点をあげている。いずれにせよ、身体と魂の両方に情動を結びつけるデカルトの見方は、新たな文脈に当てはめられることで、今日でも情動の分類に関する大きな問題を引き起こしている。

現代の哲学者のあいだでは、情動と情動的感情の関係に関する議論が活発に繰り広げられている（たとえばDe Sousa, 2007を参照されたい）。情動は感情の一種であり、単なる感覚や自己受容性感覚（個人の知覚）とは経験によって区別されると主張する者もいる（たとえばJames, 1890など。詳細はSchachter & Singer, 1962を参照されたい）。そして、情動的感情は情動の中核をなし、よって情動は、情動の「感情理論」と呼ばれる理論でいう情動的感情に依存する、と。

情動はまた、その対象によっても定義し得る。たとえば、イヌを恐れ、イヌを見ると不安を感じる人にとって、一匹のイヌは情動の対象をなす。その際、対象が特定の情動に結びついている限り、それが現実のものであるか、想像上のものであるかは重要ではない。この意味で、情動はそれを喚起する対象によって定義される。

しかし情動は、「評価」という側面でも定義できる。情動の対象は、それ自体が本質的に情動的なのではない。私たちは情動の対象を評価するあり方に従って、それに反応する際に特定の情動を経験する。あなたはイヌを恐れているとする。だが、不安という情動の基盤をなし、それを引き起こすのは、イヌそれ自体よりもイヌに関するあなたの信念なのだ。このように評価に焦点を置くことで、情動の認知理論や評価理論が発展してきたのである。

情動や情動的感情が正確に何を意味するのかについては、哲学、心理学、神経科学の諸分野でさまざまな議論が繰り広げられている。脳に基礎を置くもの、身体に基礎を置くもの、環境や心に基礎を置くもの、と、さまざまな理論が提唱されている。

ここでいくつかの問いが生じる。情動的感情は、内受容刺激に基づく脳の神経活動によって引き起こされるのだろうか？　それとも環境に由来する外受容刺激によって引き起こされるのだろうか？　言い換えると、それが依拠しているのは身体や神経系なのか、それとも環境なのか？　情動的感情とは何か、そしてそれが「世界－脳」問題といかに関係しているのかを理解するためには、これらの問いを解明する必要がある。たとえば情動的感情がもっぱら神経系に依拠し、脳内にのみ「宿って」いるのなら、それは世界とのいかなる結びつきも示さないはずだ。その場合、情動的感情は「世界－脳」関係について何も教えてくれないだろう。それに対して情動的感情が環境に依拠し、脳、身体、環境の三者をまたいでそれらを互いに結びつけているのなら、それは世界に対する経験的な経路《アクセス》を提供し、ゆえに私たちと世界の関係、つまり「世界－脳」関係を開示するだろう。

「情動を持つ」vs「情動を感じる」

進化論を創始した自然科学者のチャールズ・ダーウィン（一八〇九～一八八二）は、表情や姿勢などの運動行動を通して、環境内の事象に対する生物の反応が示されると考えていた。私たちの身ぶりや姿勢は、情動を伝えるのだ。そのことは、イタリア人の会話を観察してみればよくわかる。素早い手の動きをともなう激しい身ぶりは、そのイタリア人が感じている強い情動をあらわにする（言うまでもなく、激しい身ぶりがいかに解釈されるかは、文化や文脈によって異なる）。このことは、情動に応じた運動行動には、その情動に基づく主観的な経験、すなわち情動的感情がともなうという観察事実にも沿う。一例をあげよう。身ぶり（運動行動）を抑制すると、その人はそれに結びつく情動的感情も抑圧する結果になる。抑うつの対極をなす躁病を考えてみればよい。抑うつを抱える人は、ほとんど動かず何も感じることがない。それに対して多幸な躁病患者は、早足で部屋のなかを歩き回る。幸福に対する極端で異常な感覚のために、運動行動にそのはけ口を見出し、異常なほどの早足で歩くのである。

　これらの観察から、情動的感情や情動の形成と発現には感覚運動機能が関与することがうかがえる。感覚機能や運動機能、そしてそれらの神経相関のゆえに、私たちは何かを感じることがある。だから運動行動を欠くと何も感じられなくなるのだ。いかなる感情も経験しなくなったジュディーの例が示すとおり、そのことは抑うつに顕著に見て取ることができる。どうやら感情は、身体と感覚運動機能に密接に結びついているらしい。専門的に言うと、情動的感情は明らかに身体化されている。

情動的感情はいかに身体化され、身体の感覚機能や運動機能に結びつけられているのか？　著名な心理学者ウィリアム・ジェイムズは、同僚のカール・ランゲと共同で、有名な情動的感情に関するジェイムズ－ランゲ説を提唱した。この説は、感情を身体における生理的な変化の知覚として定義し、感覚運動機能や植物的機能に基づくものとしてとらえる。私たちは、心拍数の変化など身体の生理的な変化を知覚すると、情動的感情を形成する。たとえば、心拍数が上昇すると不安を感じる。この説に従えば、抑うつは身体の異常な知覚と見ることができる。この見方は正しい。ジュディーのようなうつ病患者は、強い身体症状を訴える。さらに彼らは、身体とそれに関連する生理的な変化を異常な様態で知覚するため、たとえ客観的には心拍数に異常がなくても、主観的に苦痛や不安を感じるのである。

ジェイムズ－ランゲ説はもともと、自分の身体から送られる信号の知覚がいかに情動的感情に変換されるかを説明しようとする心理学理論であった。この理論は、たとえばダマシオの理論(1999, 2010)などのように、情動の神経科学モデルという現代的な形態となって再浮上してきた。ダマシオは、情動と感情が身体の変化の知覚と密接に関連すると考えている。心拍数の変動などの身体の生理的変化は、皮質下のより深くに位置する特定の脳領域、「一次神経構造」でとらえられるという。それには脳幹や、中脳の諸領域（水道周囲灰白質、中脳蓋《ちゅうのうがい》など）、扁桃体が含まれる。これらの領域はすべて、身体が脳に送る信号の処理に関与し、情動を喚起する。ダマシオの考えでは、これは無意識のうちに機能する。したがって、人は無意識のレベルで「情動を持つ」と言えるだろう。

ここで重要なポイントを指摘しておくと、単に「情動を持つこと」には、情動的感情、すなわち情動の主観的な経験は含まれない。主観的な経験が生じるには、皮質下領域から成る「一次神経構造」の神経活動の結果が、他の脳領域から成る「二次神経構造」によって統合化され再処理されなければならない。「二次神経構造」には、帯状回、視床核、体性感覚皮質、上丘が含まれる。情動がこれらの領域で再処理されることで、「情動に基づく感情」が割り当てられる（Damasio, 1999）。つまりこれらの二次神経構造は、身体の生理的な変化に対して一次神経構造が記録したことの知覚を可能にする。情動的感情を喚起するのは、ダマシオが「情動を感じること」と呼ぶ、この知覚なのである。

つまり、ダマシオは二段階のプロセスを想定する。まず、「情動を持つ」段階に相当する情動の第一世代があり、この段階では身体から入力された信号が一次神経構造によって処理される。この段階では、身体からの入力は完全に無意識のもとに置かれ、それゆえ情動的感情には結びつかない。この基本的に無意識的な情動に対して、意識、ひいては感情が割り当てられるには、最初の神経活動の結果は、別の領域で再処理されなければならない。それによって初めて情動は意識や感情に結びつけられ、情動的感情が生じるのである。

「情動を持つ」ことは「情動や世界を感じる」ことである

神経科学者のヤーク・パンクセップは、このような二段階のプロセスを想定しない（Panksepp, 1998a, 1998b, 2007a, 2007b, 2011a, 2011b）。彼の考えでは、一次神経構造の神経活動は、その時点ですでに情動的感情に結びつく。つまり、身体からの感覚入力や身体への運動出力を処理することでこれらの領域が活性化すると、ただちに情動的感情が生じるのだ。そしてそれには、水道周囲灰白質などの皮質下領域が中心的な役割を果たしている。これらの領域は、身体からの感覚入力と環境からの感覚入力を関連づけ、同時にそれを運動機能に結びつける。情動的感情は、このプロセスを通じて生じるのである。

注意すべきは、この見方では、ダマシオの理論とは異なり、「情動を持つ」無意識的な情動の段階と、「情動を感じる」意識的経験の段階という二つの段階の区別が存在しないことだ。パンクセップ（1998a）によれば、「脳内にそのような区別は存在しない。いかなる脳の神経活動も、そして世界や身体に由来する感覚入力の処理も、つねにすでに感情に結びついている」。

情動的感情に関するダマシオとパンクセップの見解の相違が、なぜ本書の文脈において重要なのか？　ダマシオは情動的感情を再処理、つまり身体からの入力信号の二次処理に結びつける。この場合、情動的感情は身体（と環境）に直接的には結びつかず、せいぜい間接的に結びつくにすぎない。それに対しパンクセップの考えでは、身体や世界から脳へ到達するいかなる入力信号も、直接的に情動的感情を喚起する。したがって、身体や環境におけるいかなる変化も、情動的感情に関与する皮質下領域に神経活動の変化を引き起こす。

パンクセップは、「私たちは身体と脳、世界と脳の関係を感じているのだ」と主張しているに等しい。要するに、情動的感情は「世界‐脳」関係の意識への現われなのである。それに対しダマシオは、『世界‐脳』関係は、処理はされてもそれ自体として直接感じられるようなものではない」と言うだろう。彼にとっては、いかなる情動的感情も「世界‐脳」関係そのものを示すわけではなく、脳の二次神経構造による追加処理を反映しているのである。

ダマシオとパンクセップのどちらが正しいのか？　パンクセップが正しければ、情動的感情は「世界‐脳」関係を示し、かくして私たちは、情動的感情を介して世界、および世界と脳の関係を絶え間なく経験していることになる。だとすれば、世界内存在としての私たち、言い換えるとドイツの哲学者マルティン・ハイデッガーが二〇世紀初頭に提起した「現存在」を開示する点で、情動的感情は実存的な性質を持つ。それに対しダマシオが正しければ、情動的感情は、世界との関係とは多かれ少なかれ独立した脳そのもの（脳の機能と、単なる情動に脳がつけ加えるもの）を反映する。この場合、情動的感情は「世界‐脳」関係については何も語らず、脳自体について語るのみである。

情動的感情は脳の内的な認知処理なのか？

ダマシオとパンクセップは、悲しみ、幸福、陰鬱などの情動的感情の種別をどのように説明できるのだろうか？　ジェイムズ－ランゲ説をはじめとする理論については、個々の情動に対する特定性の欠如が指摘されてきた。つまりこういうことだ。興奮のような自律的で不随意な身体の変化はむしろ、個々の情動の区別を許さない非特定的な反応である。ならば、心拍数など、身体に由来する同一の入力情報が、どうして不安や幸福などのきわめて多様な情動に至り得るのか？

この指摘は、シャクターとシンガー（1962）の実験によって確たるものとなった。彼らはエピネフリン（アドレナリン）などの薬剤を投与することで、被験者の自律神経系を刺激し、その後、被験者をおのおの異なる部屋に通した。ある部屋には幸福そうな様子をした俳優が、また別の部屋には怒りをあらわにした俳優がいた。これらの部屋のなかで、被験者たちは薬剤で誘導された興奮状態をいかに経験したのだろうか？　興味深くも、被験者の情動的感情は、入った部屋にいる俳優の様子に大きく左右された。同じように興奮が高められても、被験者は怒った俳優がいる部屋では怒りを、幸福そうな俳優がいる部屋では幸福を経験したのだ。つまり、興奮度の上昇それ自体は、特定の情動的感情には結びついておらず、いかなる情動的感情が喚起されるかは文脈に依存するのである。

この実験はジェイムズ－ランゲ説と、「情動的感情は、身体に由来する感覚入力の知覚に起源をたどれる」という同説の主張に疑義を呈する。では、情動的感情はどこからやって来るのか？ 情動的感情の生成には、単なる感覚機能以上の何らかの機能が必要とされるはずだ。それはいったい何だろうか？ それは認知機能だと、多くの研究者は考えている。したがって次に、情動的感情の認知理論を検討しよう。

感情と認知

認知的なアプローチは、情動的感情を、身体に関連する感覚運動機能（および植物的機能）ではなく、抽象的な認知機能（言語機能や作動記憶《ワーキングメモリ》）に結びつける。たとえばロールズらは、意識が形成され、その結果として情動的感情が生じるためには、高次の言語処理が必須であると主張する（Rolls, 2000; Rolls, Tovee, & Panzeri, 1999）。ルドゥー（2003）は、ワーキングメモリを意識に必須の機能としてとらえている。ロールズもルドゥーも、まず脳によって情動が生成され、次にそれが認知機能によって取り上げられると論じる。そして認知機能は、客観的な情動を処理し、主観的な感情、すなわち情動的感情に結びつけるのである。このようにロールズもルドゥーも、ダマシオの理論と同様、情動と情動的感情を区別し、後者が前者をもとに構築されるとする二段階プロセスを想定している。三人の唯一の違いは、ロールズとルドゥーが、第二のプロセスたる情動的感情の生成を認知機能に結びつけているのに対し、ダマシオが（感覚機能と認知機能のあいだの）中間的なプロセスを想定していることだ。

情動的感情に対する認知的なアプローチとは、いかなるものか？　いかなる感情の生起にも先立ち、独立して生じる、情動そのものに関わる神経活動がある。たとえば嫌悪を催す写真を目にすると、皮質下に位置する扁桃体など、さまざまな脳領域で神経活動が生じる。この初期の基本段階においては、感情はまだ生じない。次にこの活動は皮質領域（前頭前皮質、頭頂皮質など）へと広がっていく。ここでは、単なる皮質下の情動処理がワーキングメモリや注意などの種々の認知機能に結びつけられる。それまで皮質下で無意識のうちに処理されていた情動刺激は、認知機能に結びつけられることで意識にのぼってくる。すると、その人は嫌悪を感じる。この例からわかるように、情動的感情は、（単なる情動処理とは異なり）認知機能に密接に結びついている（LeDoux, 2003）。この種のアプローチはすべて、細かな面では相違があるとはいえ、高次の処理とそれに関連する認知機能によって情動的感情を説明しようとする点で共通する。

認知機能は、いかに情動的感情の多様性を説明できるのか？　認知的アプローチでは、認知機能はさまざまな方法でコンテンツを評価すると仮定している。たとえば、（シャクターとシンガーの実験が示すように）文脈によって特定の情動を幸福なもの、あるいは悲しいものとして評価すると考えるのである。このように認知的アプローチは、認知的な評価によって情動の種類の区別が可能になると考える。シェーラーやソロモンらの哲学者は、このような考え方を「情動の評価理論」と呼ぶ（詳しくはNorthoff, 2012を参照されたい）。要するに、情動的感情にさまざまな種類があるのは、私たちが備える評価プロセスと、関連する認知機能のおかげだというのだ。

では、「情動の評価理論」は「世界－脳」関係をうまく説明できるのか？　評価は、脳と世界の関係よりも、高次の認知機能と脳によるその処理に焦点を置く。評価理論によれば、情動的感情は、哲学者が心と呼ぶもの、そして現在では認知や認知機能として言及されるものを指す。かくして哲学における情動の評価理論、および神経科学におけるその認知バージョンによって、デカルトの哲学的伝統が二一世紀に引き継がれる。つまり、デカルトが特徴づけた心と脳の二元論が、実証的には認知機能と感覚機能として区分できる、「情動を感じる」ことと「情動を持つ」ことの二元論として再浮上しているのである。

この理論では、デカルト哲学における心と同様、脳は、世界との関係とは独立して作用する認知機能に結びつけられている。感覚入力のみが「世界－脳」関係によって与えられるもののすべてであり、それはせいぜい情動に重要であるだけで、情動的感情には重要でない。情動的感情が生じるには、脳の持つ認知機能と関連する処理が必要とされる。この考えでは、情動的感情は世界から切り離され、脳の認知作用という内的な処理にもっぱら結びつけられている。

このような情動的感情の認知モデルは、実際に私たちの経験を反映しているのだろうか？　ジュディーを思い出されたい。彼女はふさぎ込み、悲しみを感じていた。現実の世界で、幸福や喜びを経験できなくなった。彼女自身が悲しみや陰鬱な気分に満たされていたばかりでなく、彼女の目からすると、全世界が悲しみに満ちた陰鬱な場所と化していたのである。このようにジュディーの悲しみは彼女自身に限られず、遍在化された悲しみが、抑うつをかくも苦痛に満ちたものにしたのだ。究極的に抑うつを実存的なものにし、患者が自殺念慮に駆り立てられるのは、このように抑うつが全世界をのみ込むからなのである。

情動的感情は、世界から切り離すことができない。それは脳の認知処理の内部に位置するのではなく、「世界–脳」関係、さらには私たちと他者の関係、そして自分の自己と他者の自己の関係を反映する。ならば、情動的感情が関係的なものであり、「世界–脳」関係を反映するという事実をいかに説明できるのか？　この問いに取り組むにあたり、情動的感情に密接に関わる脳領域、島皮質《とうひしつ》を検討しよう。

島皮質の役割と感情の経験

情動的感情はどこに宿っているのだろうか？　脳？　身体？　それとも環境？　選択肢には、「身体とその内受容刺激」「脳とその認知機能」「環境に由来する外受容刺激」の三つがある。ジュディーは極度にネガティブな情動的感情のほかにも、身体に異常な感覚を覚え、息苦しさや胸の痛みや胃の圧迫感を感じていたが、心臓、肺、胃に特に身体的な問題を抱えていたわけではない。精神科医は最終的に、これらの身体症状の原因が抑うつにあると診断した。情動的感情は、身体とその機能にどの程度密接に関連しているのだろうか？　本節では、両者の関係が、実際に非常に密であることを見ていく。

前述のとおり、従来の見解は、情動的感情を感覚運動機能によって特徴づけていたため、内受容性の気づきと呼ばれる作用を前提とすることで、情動的感情が身体の知覚に密接に関連すると見なしてきた。これは、環境からの外受容刺激ではなく、自らの身体に由来する内受容刺激が、情動的感情の形成に中心的な役割を果たしていることを意味する。神経科学における情動的感情の研究はこれまで、内受容刺激の神経的な処理と内受容刺激に対する気づきに焦点を絞ってきた。

ｆＭＲＩを用いた脳画像研究は、血圧や心拍数の変化など、内受容刺激が処理されているあいだの神経活動を調査している（Medford & Critchley, 2010; Wiebking et al., 2014）。これらの研究では、右島皮質、前帯状皮質のＳＡＣＣ－ＤＡＣＣと呼ばれる部位、および扁桃体における神経活動の変化が調査された。その結果、「右島皮質とＳＡＣＣ－ＤＡＣＣは、脊髄から中脳、視床下部、さらには視床皮質連絡を経て右島皮質に伝わる自律的な内臓の反応を統合する」という説が提起された。

この結果に基づいて、神経科学者のバッド・クレイグは、右島皮質が決定的な役割を果たしていると論じる。つまり右島皮質は、低次中枢から自律的な内臓由来の入力信号を受け取って、内受容性の身体の状態を統合化された形で再処理（再表象）し（Craig, 2002, 2003, 2004, 2009a, 2009b, 2010a, 2010b, 2010c, 2011）、それによって「自己の身体の状態に関する心的イメージ」を形成するという。クレイグによれば、そのイメージがさらに、「身体的な私」としての自己と、情動的感情に対する主観的な気づきの基盤を提供する。

これらの脳領域が身体に関する内受容処理を仲介しているのなら、情動的感情の形成に果たすそれらの役割を問う必要がある。クリッチリーらは、（内受容入力としての）心拍が外受容入力として与えられる特定の音と同期しているか否かを被験者に尋ねた（Critchley, Wiens, Rotshtein, Ohman, & Dolan, 2004）。被験者は、心拍数、もしくは提示された音の回数を数えるよう求められたら、自分の心臓か提示音のどちらかに注意を向けねばならなかった。クリッチリーらはこの方法によって、内受容入力に向けられた注意（内部に向けられた注意）と、外受容入力に向けられた注意（外部に向けられた注意）を比較することができた（Critchley et al., 2004）。

内受容入力や外受容入力に被験者の注意が向けられているあいだ、島皮質には何が観察されたのだろうか？　この実験では次のような結果が得られている。心拍に向けられた内受容性の注意は、右島皮質（およびSACC－DACC、DMPFC）の活動を増大させた。それに対し、提示音に向けられた外受容性の注意は、これらの領域の活動を抑制した。この発見により、島皮質は、内的に導かれた注意と外的に導かれた注意を区別することが、そしてその活動は前者によって高まり、後者によって低下することがわかる。さらに注目すべきことに、心拍数に注意を向けているときには、とりわけ右島皮質の活動が情動的感情（不安）の程度に相関することがわかった。島皮質の活動レベルが高ければ高いほど、それだけ心拍数の検知の精度は向上し、不安の程度は低下したのに対し、心拍数の検知の精度が低下していると、島皮質の活動は低調で、やがて不安が高まったのである。

この結果は、うつ病患者の観察によっても裏づけられる。ジュディーのような患者にとって、自分の心拍数を検出することは相当難しい。彼らは、客観的に測定した心拍数よりも、はるかに速く心臓が鼓動していると主観的には経験しているのだ。前述のとおり（Wiebking et al., 2010）、この心拍数検出の異常は、うつ病患者における島皮質の活動の低下と、不安などの異常な情動的感情の生起に結びついている。

この研究がいったい本書とどう関係するのか？　どうやら島皮質は、内受容入力と外受容入力のバランスの維持や、それらに対する注意の向け方を調整するにあたって、中心的な役割を果たしているらしい。この機能により島皮質とその神経活動は、脳の神経処理における身体と環境の界面《インターフェース》をなしている。よって島皮質とその神経活動は、身体や環境、そしてそれらに由来する入力信号から切り離されているとは言えないのである。むしろ島皮質は、私たちの注意のバランス、ひいては経験におけるバランスを取り持っていると考えられる。さらに重要な点を指摘しておくと、身体と環境のバランスの調節は、不安などの情動的感情に密接に結びつく。この結びつきは、情動的感情が身体と環境の関係やバランスを反映するものであることを示す。よって情動的感情は、文字どおりの意味で真に関係的なものと見なされるべきである。この主張は、脳の研究によっても裏づけられるだろうか？　次節ではそれについて検討する。

身体と環境のバランス

情動的感情は内受容性の作用なのか、それとも外受容性の作用なのか？　身体や環境に結びついているのか？　研究の結果が示すところでは、情動的感情は、環境や認知よりも内受容性の気づき、つまり身体に密接に関連する。だが、ここは慎重になるべきだ。情動的感情や内受容性の気づきを探究するために与えられた課題にしても、関連する脳領域にしても、内受容プロセスのみによって特徴づけられるわけではない。まず課題について、それから関連する脳領域間の結合パターンについて検討しよう。

前述の研究で用いられている課題や方法のいずれも、内受容刺激を外受容刺激から独立したものとして扱っているわけではなく、むしろそれとの関係を調査している。たとえばクリッチリーら（2004）は、外受容刺激としての音との関係で、心拍に対する知覚を調査している。また、他の研究は内受容と外受容を直接比較している。したがって、内受容性の気づきに特化すると仮定されている神経活動の変化は、外受容刺激の処理から（多かれ少なかれ）独立した内受容刺激の処理を反映するわけではなく、内受容性刺激の処理と外受容性刺激の処理の関係や、動的なバランスを反映する。

このような内受容と外受容のバランスを想定することは、それらと関連のある脳領域の結合パターンによっても支持される。島皮質は、身体全体から入力された内受容信号を処理する皮質下領域と強く結合し、そこから多量の入力信号を受け取る。それに加え、環境に由来する入力刺激を処理する五つの感覚領域（聴覚、視覚、味覚、感覚運動、嗅覚）からも直接信号を受け取る。ゆえに島皮質の神経活動は、身体からの刺激のみならず、内受容と外受容のバランスをも反映するのである。

内受容刺激ではなく、内受容と外受容のバランスが島皮質の神経活動を決定しているという説を裏づける証拠は他にもある。身体表現性障害患者（原因となる疾患が一切認められない身体症状を経験する患者）やうつ病患者は、客観的には異常がまったく見られないにもかかわらず、苦痛、心悸高進などの主観的知覚をともなう強い身体症状を呈することが多い。これは抑うつを抱えたジュディー（第4章参照）にも当てはまり、彼女は胸の痛み、胃の圧迫感、息苦しさを感じていた。これらの症状は、いかに生じるのか？　われわれはこの問いに答えるために、身体表現性障害患者とうつ病患者に心拍数検出課題を行なってもらい、そのあいだにｆＭＲＩで彼らの脳をスキャンした（de Greck et al., 2012; Wiebking et al., 2010）。

われわれは当初、被験者が心拍数検出という内受容課題を遂行するあいだ、島皮質の活動が異常に高まるだろうと予想していた。だが、結果はまったく正常で、健常者と変わらなかった。一方、外部音検出課題を遂行するあいだは、島皮質と聴覚皮質の活動は、正常に働くというわれわれの予想に反して大幅に減退した。どうやら患者は、この課題を行なっているあいだ、環境からの刺激をうまく処理できないようだった。この発見は、内受容と外受容のバランスが内受容優勢の方向に傾斜し、気づきのコンテンツが（比較的強い）内受容入力によって支配されていることを示す。言い換えると、神経レベルにおける内受容と外受容の不均衡は、身体に由来するコンテンツと、環境に由来するコンテンツに対する気づきの不均衡を導き、前者が後者より優勢なコンテンツになるのだ。これはまさに、身体表現性障害患者とうつ病患者のいずれもが報告する状態である。

事態は、次第にはっきりしてきたようだ。ジュディーが家族や他の人々から切り離されていると感じているように、うつ病患者は、世界から切り離され孤立していると感じている。抑うつに陥ると、私たちが常時経験している、世界との目に見えないつながりが絶たれるのである。彼らは、周囲の世界と交流しようとする動機を失い、社会的に孤立し、内向きになる。これらは自己焦点化の高まりで顕著に見られるものだ。

こうした発見は、世界からの断絶に光を当てる。理由はまだ明らかではないが、環境に由来する外受容刺激はもはや適切に処理されず、脳の活動の変化をほとんど引き起こさないのである。その結果、内受容と外受容のバランスは崩れ、外受容処理を犠牲にして内受容活動の変化に重点が移される。そのため情動的感情は「世界－脳」関係を反映しなくなり、自己焦点化の高まりにはっきりと見て取れるように、粗く言えば「脳－自己」関係のみを示すようになる。

神経レベルにおける内受容と外受容のバランス、および気づきのレベルにおける身体に由来するコンテンツと環境に由来するコンテンツのバランスは、情動的感情にどのような影響を与えているのだろうか？　情動的感情は、脳、身体、環境のいずれに宿っているのか？　データから判断すると、それらのいずれでもない。情動的感情は身体内に存在するわけでもなければ、脳の神経活動に媒介される身体の知覚（内受容性の気づき）に還元できるわけでもない。

これまで見てきたように、内受容性の気づきと情動的感情の経験が生じるあいだ、島皮質とそれに関連する脳領域は、孤立した内受容処理ではなく、むしろ内受容と外受容のバランスによって特徴づけられる。島皮質で処理される情報には、身体から来る刺激のみならず、身体と環境の関係も含まれる。事実、私たちは環境から独立した身体に気づくわけではなく、自己の身体で生じている事象との関係で環境に気づくのと同じあり方で、環境内で起こっている事象との関係で、（心拍数を含め）身体に気づくのである。このように、私たちは個々の置かれた環境という文脈との関係において自己の身体を経験するが、この関係は個人的なものであり、身体を（「誰か他の人の」ではなく）「私の」身体として経験することを可能にしている。

通常、身体と環境に対する気づきは同期しており、それは相互のバランスとして気づきのなかに現われる。たとえば、身体に対する気づきが高まれば、環境に由来するコンテンツは背景に退く。また、同様の現象は逆方向にも起こり、気づきにおいて環境に由来するコンテンツ（外受容入力）が優勢になると、身体全体から島皮質や関連領域へ入力される内受容刺激に対する気づきは減退する。これらは、気づきにおいて私たちが日常的に経験している、内受容と外受容、すなわち身体と環境のバランスの「正常な」変化なのである。

これらの発見は、情動的感情に関して何を意味しているのか？　情動的感情が、内受容と外受容のバランスの産物であり、「内受容か外受容か」ではなく真に関係的なものであることを意味している。身体表現性障害患者やうつ病患者は、動悸や不規則な心拍を感じると、たとえ心臓が客観的にはまったく正常でも不安を覚え始める。情動的感情は、身体の領域に属するものとしても、環境の領域に属するものとしても特徴づけられない。それはバランスをめぐるものであり、内受容入力と外受容入力の関係、そしてそれに続く、身体に由来するコンテンツと環境に由来するコンテンツの関係を反映する。また、ダマシオや認知理論の支持者が想定しているように、感情は単に脳内に存在するのでもない。情動的感情は、脳の神経認知的な処理の産物であるばかりではなく、それには島皮質など身体と関連する脳の神経活動と、環境と関連する脳の神経活動とのあいだの絶えざる調節やバランスの維持が反映されているのである。つまるところ情動的感情は、脳に位置するのでもなければ、身体や環境に位置するのでもない。

神経科学者も哲学者も、脳、身体、環境、あるいは神経認知、内受容、外受容などといったカテゴリーを設けることで情動的感情を扱い、不正確なアプローチをとっているように思われる。私たちは、それらの領域を分離するのではなく、それら相互間の関係やバランスを考慮する必要がある。そうすれば情動的感情の起源を正確に同定できるだろう。情動的感情は、脳、身体に由来する入力、環境に由来する入力という三者間のバランスを反映する。そして、このバランスを可能にし、構築しているのは脳である。情動的感情とはこのバランスの経験なのであり、それを私は「世界－脳」関係と呼ぶ。この意味で、私たちや私たちの脳と関係する世界へのアクセス方法を提供してくれる情動的感情は、心理学者や神経科学者のみならず哲学者の関心の対象にもなり得る。マルティン・ハイデッガー（1927/2010）やマシュー・ラトクリフ（2008）らの実存主義哲学者は、脳や「世界－脳」関係の重要性についてはまだ認識していないとはいえ、情動的感情が世界へのカギであると指摘している。次節ではそれについて検討する。

実存的な感情と世界

情動的感情に関する神経哲学は、脳の神経処理における内受容刺激と外受容刺激のバランスをはじめとして、さまざまなバランスを調査すべきことを神経科学者に教えてくれる。また哲学者には、身体と環境の二者択一にとらわれない概念やモデルを探究すべきであることを教えてくれる。

マルティン・ハイデッガー（一八八九〜一九七六）や、現代イギリスの哲学者マシュー・ラトクリフ（2008）は、情動的感情に関して神経哲学の知見に合致する見方を提示している（また、シリ・ハストヴェットらの現代の小説家も、単なる内面的な黙想や脳の認知処理などといったたぐいのものではなく、周囲の世界を反映するものとして、情動的感情の実存的な本質を深くとらえている）。これらの哲学者が主張するところによれば、情動的感情は、ハイデッガーが世界内存在、あるいは「現存在」と呼ぶように、つねに世界という背景のもとで生じるという意味で実存的なのである。おそらく彼らなら、「情動的感情は、『世界内で自己を見出す方法』、あるいは『主観的に世界に関与する方法』である」と言うだろう。たとえば、実存的な感情の違い（別離、帰属、力強さ、コントロール、不安など）によって、世界との関係の特徴が変わる。ならば、身体は感情を形成する唯一の媒体としてとらえられるだろう。感情は、身体や環境の変化の知覚であるよりも、人格《パーソン》／身体〔以下「person」は基本的に「人格」と訳すが（一部文脈に従って「人」としたケースもある）、本書で言う人格は「個人として成立し得る資格を持つ人」という意味である〕と環境の関係の反映なのである。言い換えると感情は、人格と世界の関係、つまり情動的感情として経験される関係を反映する。

なぜ、そしていかにして、私たちはそのような関係的かつ実存的なあり方で、情動的感情を経験しているのか？　神経哲学者なら、それが脳の設計なのだと論じるだろう。この設計は、環境から入力される外受容刺激とは独立に、身体に由来する内受容刺激だけを処理することを許さない。またその逆も真であり、脳は、身体からの内受容刺激なくして、環境からの刺激を処理することはできない。脳にできることのすべては内受容と外受容のバランスの維持であり、それが気

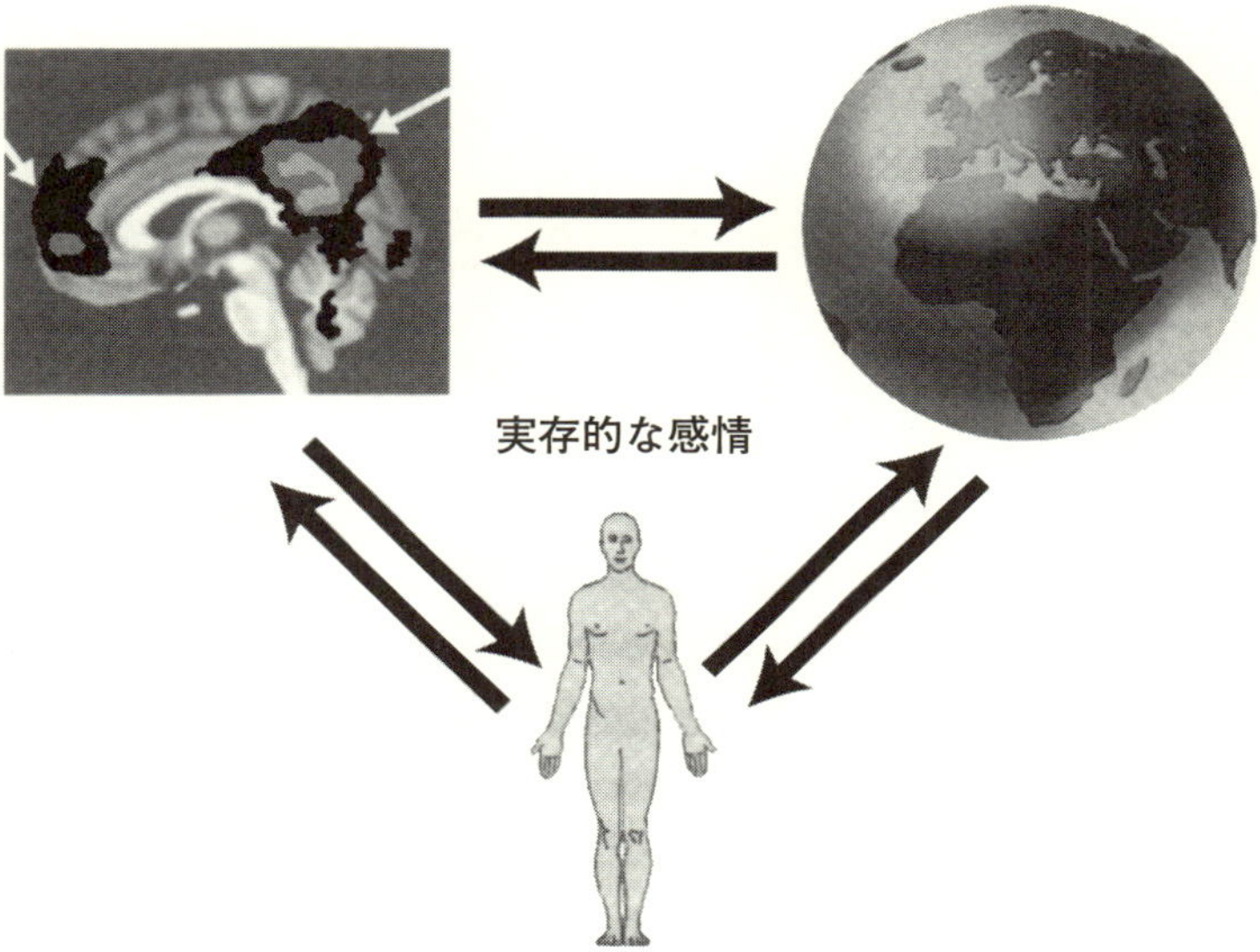

図5.1

づきのなかでは、身体と環境のバランスとして現れるのである。

このように考えると、次のような哲学者のための興味深い思考実験に行き着く。脳の設計が先に見たものと異なっていたなら、つまり内受容刺激と外受容刺激が、互いに独立した脳のメカニズムによって処理されていたならどうだろう？　それでも私たちは、情動的感情を経験するのか？　この問いの解明は哲学者たちに任せるとして、ここでは一点だけ警告しておこう。彼らがそのような設計の脳を実際に持っていたら（多少その傾向があるようだが）、それに頼っていてはこの問いには決して答えられないだろう。もちろん、哲学者がこの問いに答えられるか否かは、ここでは問題ではない。知る必要があるのは、脳が内受容刺激と外受容刺激を処理して情動的感情を生成する方法についてだ。それがわかれば情動的感情について深い理解が得られ、異常な情動的感情に悩まされている身体表現性障害患者やうつ病患者の治療に、その知見を役立てられるだろう。

実存主義哲学者は正しい。情動的感情は私たちと世界の関係を、より劇的な言葉を用いれば、私たちの存在そのものを反映する。だから、抑うつで見られるように、その変質は苦痛に満ち、ジュディーの例のように患者の全存在を変えてしまうのだ。実存主義哲学者は、情動的感情を世界という文脈のもとに置く。とはいえ彼らは、情動的感情が本質的に世界に結びつく理由やあり方を究明しようとはしない。ここで再び、脳と世界の関係、すなわち「世界－脳」関係が私たちの視野に入ってくる。前述のとおり、脳内の神経刺激、身体に由来する内受容刺激、そして環境に由来する外受容刺激の直接的な関係を形成するのは、脳、より具体的に言えば島皮質などの特定の脳領域なのである。この発見はさらに、脳、身体、環境という三者間の相互関係の形成が、情動的感情と直接結びついていることを示す。ゆえに、情動的感情は関係的なものなのだ。

総括すると、情動的感情は世界へのアクセス方法と、その世界の一部としての存在様式を私たちに与え、経験のなかに「世界－脳」関係を開示する。そして、「世界－脳」関係を経験するための、ある種の容器のような役割を果たし、私たちの存在の基盤をなす。つまり、情動的感情は実存的なものであり、それゆえ、抑うつなどにおける情動的感情の根本的な変質は、その人の存在様式と、世界との関係という個人の経験に影響を及ぼすのである。

情動的感情をめぐる「自己」と「身体」の対話

身体と情動的感情の関係を探究する本章を締めくくるにあたり、情動的感情を経験する人格と、身体の対話というかたちで本章のまとめをしておこう。

人格 私は人格である。あなたは？

身体 私はあなたの身体だ。あなたが私のことを知らないとは驚きだ。

人格 いや、あなたに会ったことなどない。

身体 それはあり得ない。いつもあなたと一緒にいたではないか。それなのに気づかなかったとは。

人格 気がつくはずがないではないか。自分の感情、つまり情動的感情に気づくことで精一杯だったのだから。

身体 それはどういう意味かね？

人格 そうだろう、そうだろう。どんな情動的感情も持たない身体ならではの質問だ。あなたには情動的感情が欠けている。

身体　それでは答えになっていない！

人格　情動的感情の意味を正確に知りたければ、まずそれを感じなければならない。

身体　すまないが、情動的感情に対するあなたの主観的な経験は認めるとしても、その何たるかを知るために経験したり感じたりする必要は私にはない。あなたの提案は、テーブルについて理解するためには、テーブルでなければならないと言うに等しい。あなただって、自分がテーブルでなくてもそれが何かを理解しているはずだが。それとも、私の視覚がおかしいのだろうか？

人格　あなたの視覚に問題はない。確かに私はテーブルではない。だが、テーブルの何たるかは知っている。その点であなたは間違っていない。だが、その見方は情動的感情には通用しない。

身体　それはまたどうして？

人格　情動的感情は、テーブルのように客観的なものではなく主観的なものだからだ。

身体　「主観的」とはいったいどういう意味なのかね？　ずいぶんとらえどころのないごまかしの言葉に聞こえるが。

人格　これは、これは、これは。あなたがついてこられないのは、まさにそこだ。主観性は、人格一般によってのみ、より具体的に言えば特定の人格によってのみアクセスされ経験され得るものなのだから。私はまさにその人格であり、特定の人格、つまり個人でもある。

身体　あなたは、ごく単純なことをわざと複雑に見せかけようとしている。よろしい。あなたは、情動的感情を主観的なものとして定義し、それを人格一般、さらには特定の人格に帰属せしめた。それのどこが複雑なのか？

人格　たとえその点を理解しても、主観性や情動的感情に関しては、あなたには何も理解できないだろう。

身体　なぜ？

人格　あなたは、人格一般ではなく身体だからさ。個とも言えない。

身体　個とも言えないとは、どういう意味だね？　身体には個性がないという意味なのかね？

人格　そう、まさにそのとおり。あなたは、いかなる個性も持たない単なる物質にすぎないのだから。

身体　腹が立つ言い方だ。あなたは個性を独占しようとしている。

人格　そのとおり。個性は、悲しみ、幸福、喜びなどのさまざまな情動的感情を通じて現われる。私はそれらを感じることができる。そして私の感情は他者の感情とは違う。

身体　しかし、個性もそうだが、情動的感情はどこから、どのように生じるのかね？

人格　心からさ。

身体　おとぎ話は聞きたくない！　私は幼稚園児ではない。心などというものは存在しない。身体以外には何も存在しないのだから。それが生命の、そしてあなたという存在の真実なのだ。あなたは身体であり、身体は脳を備えている。おそらく、その脳が情動的感情の形成に中心的な役割を果たしているのだろう。

人格 よろしい。本意ではないが、議論を進めるために心は脇に置くとしよう。だが、情動的感情が形成されるとき、脳やそれ以外の身体部位は、どのように関係し合うのかね？

身体 なぜそんなことを訊くんだい？

人格 すべての情動的感情は、身体の変化をともなうからさ。不安になると、汗が出て、心拍数が上がる。だが嬉しいときには、汗も出ないし、心拍数も上がらない。だから、情動的感情は身体に関係しているはずだ。

身体 もちろんそうさ。身体たる私がすべてを仲介しているのだからね。いわば私は、駅から中心街に行くために誰もが通らねばならない道筋のようなものなのだ。

人格 身体とその内受容刺激は、駅から中心街に至る道筋と同じで、脳から環境に達する道筋にすぎないと言いたいのかね？　それはあり得ない。情動的感情の身体的な本質はとても強力なので、身体が単なる中継局であるとは私にはとても思えない。情動的感情は身体に起源があるに違いない。私の身体が情動的感情を宿しているのだろう。情動的感情に関わるすべては、身体的なものであるはずだ。

身体 妙な話だな。さっきあなたは、心を擁する人格が神聖なる情動的感情を宿しているのだと主張していた。それなのに突然、私、つまり身体に乗り換えた。

人格　あなたは正しいと同時に間違っている。私が言及しているのは、そう、あなた、つまり身体だ。だがそれは、私が言及しているとあなたが考えている身体とは違う。外から観察できる物質的な身体を指しているのではない。私が言及しているのは身体の内側から見たものなのだよ。人格が主観的に身体を経験しているようにね。現象学を専攻する哲学者は、それを「生きられた身体」と呼んでいる。

身体　ならば情動的感情は、脳とそれ以外の身体の特定の関係を示す、身体を基盤とする信号にすぎないのかね？　中心街はなく、駅とトンネルだけがあると言いたいのかね？　だが中心街がなければ、トンネルはいったいどこに向かって掘られているのだろうか。

人格　意味がよくわからないのだが。

身体　あなたがこよなく愛する情動的感情は、何かに向かうはずだ。トンネルがどこかに通じているのと同じように、情動的感情は、それ自体の外側にある何かに向かっていなければならない。情動的感情には、たとえばあなたを不安にさせるイヌや、怯えさせるトンネルの暗闇、あるいは喜ばせる一万ドルの賞金など、特定の対象が存在する。現実的で物質的なものであろうが、純粋に心理的なものであろうが、これらはすべて、情動的感情が向かう対象である。哲学者が言うところのこの「志向性」は、何に由来するのか？

人格　あなたは、中心街とトンネルの関係が、環境や、それに含まれるさまざまな対象と情動的感情の関係に等しいと言いたいんだね？

身体　まさにそのとおり。

人格　そのたとえによれば、環境を棚上げして身体のみによって情動的感情を決定することはできないことになる。中心街を無視して、トンネルをあらぬ方向に掘ることになるのだから。

身体　そう。駅（脳）から中心街（環境）に案内するトンネルとして、身体がいかに機能しているのかを理解しなければならない。

人格　駅と中心街を結ぶトンネルを通ることで、私たちは情動的感情を経験しているということだね？　暗闇や狭い場所は苦手だが、その考えには賛成だ！

第６章

統合失調症における「世界－脳」関係の崩壊

「世界－脳」関係が崩壊すると何が起こるのか？

現代哲学は心や、心と脳の関係を問う心脳問題に大きな関心を寄せている。私は第4章で、神経科学と精神医学の成果をもとに、いかに脳が世界と結びつき、その内部で統合されているのか（そしてそれによって、いかに意識などの心的特性の素因が作られるのか）を包括的に理解するためには、心と脳の問題／関係を「世界と脳の問題／関係」に置き換えるべきだと主張した。第5章では、「世界-脳」関係の存在を示すさらなる証拠を取り上げた。そこでは、私たちは情動的感情を介して、脳と世界の関係を経験すると述べた。かくして私たちは、世界との関係を、そして私たちが脳を基盤にして世界内に存在し統合されていることを感じるのである。この「世界-脳」関係が崩壊すると何が起こるのだろうか？　私の考えでは、精神疾患の一つ統合失調症がこのケースに該当する。それは、「世界-脳」関係の崩壊の典型的な事例を提供してくれる。これまでと同様、典型的な架空の症例を紹介することから始めよう。

❖架空の症例

小児期とパーソナリティ

統合失調症の諸症状の出現に先立って、特徴的な行動とパーソナリティの問題が認められるケースが多いので、発症する以前のアンドリューの様子についてまず記しておこう。

一九歳になるアンドリューは、大学に入学したばかりだ。大学に通うためにサンフランシスコからボストンに移った。三人兄弟のまん中で、二人の兄弟とは違ってつねに一人で過ごしていた。彼らが近所の子どもたちと遊んでいるときでも、アンドリューだけは二人と距離を置いて一人で遊んでいたのだ。人が集まる場所をきらって引きこもり、社会的に孤立していることを好んだ。彼は、自分が叔父を思い起こさせると叔母に言われたことをかすかに記憶している。彼の家族は、精神科病院に収容されていたこの叔父のこととなると、いつも言葉を濁した。

社会的に孤立してはいたが、彼には高い知性が備わっていることが、成長するにつれ次第に明らかになる。とりわけ数学と物理学の成績は抜群で、これらの科目を好んだ。学校ではほぼつねに一番の成績を収め、カリフォルニア州で開催された学術コンテストで何度か優勝し、また、全国から若い数学者を集めたコンテストでも二番の成績を収めた。だが、この全国コンテストは、彼にとっては苦い思い出になった。二番だったことがではなく（落ち着いてさえいれば、楽に一番になれたはずだった)、最悪だったのは、サンフランシスコからワシントンDCに向かう飛行機に乗らなければならず、大勢の人々に囲まれてじっと座っているのが耐えがたかったことだ。彼はコンテストに参加している最中、帰りの便に乗ることを恐れ続け、どうすれば人を避けられるかを思案するのに気を取られてコンテストどころではなかったのである。

数学と物理学に並外れた才能を持つアンドリューは、奨学金を得てハーバード大学に入学することができた。そうなれば誰でも有頂天になるはずだが、彼は違った。ハーバードに入学したこと自体は彼にとってはどうでもよく、それよりも「マサチューセッツ州ケンブリッジまでどうやって行けばよいのか?」「人で混み合う飛行機に今度は耐えられるだろうか?」「他の学生や寮での生活にどう対処すればよいのか?」など、些細なことがあれこれ気になり始めたのだ。寮の部屋では四人の学生が互いにふざけ合いながら一緒に暮らすことを考えれば、出口なしの状況であるように思われた。他の学生が楽しみにしているまさにそのことが、アンドリューには耐えがたかったのである。

しかし、事態は彼が思っていたほど悪くなかった。彼は大学に行くとすぐに数学の教授に会い、この教授とは普通に話をすることができた。そして二人で、それまで長いあいだアンドリューの頭から離れなかった数学の問題を解く方法を見つけ出すことができた。講義は何の苦もなく理解でき、通常新入生が喜んで参加するイベントにはまったく参加しなかった。

こうしてアンドリューは、数学という狭い領域に心の休まる場所を見出し、その世界に引きこもって自らの関心を追い始めた。彼にとっては学生生活などどうでもよかった。数学がありさえすれば。

統合失調症の症状の突発

しかし一学年の終わりになると、事態は変わる。今や彼は、さまざまな科目の試験を受けなければならなかった。言うまでもなく数学と物理学に関しては何の問題もなかったが、人文系の科目は難解だった。彼にとって最悪だったのは、その頃、生まれて初めて女の子にアプローチされたことだ。女の子自体には関心があったが、どう接すればよいのかがさっぱりわからず、しかも社会性が欠如した彼の奇矯な振舞いによって事態は余計に混乱した。誰かが彼と親密になろうとすればするほど、彼の不安はますます高じていった。あらゆる種類の困難を思い浮かべ、それらにどう対処すべきか、何を言えばよいのかを思いあぐねた。数学と論理的推論がいとも簡単であったのとは裏腹に、他者の心を感じ理解することが求められる社会的交流は、彼にとっては恐ろしく困難だった。だから彼は、他者にいかに反応し、どう答えればよいのかを何時間も何日もかけてひたすら推論し続けたのである。こうしてアンドリューは、通常私たちが無意識に行ない、いちいち考えたりなどしないことがらに関して、対処するための戦略をひねり出そうと長時間考え続けていたのだ。

数学を専攻していた同級生のローラが彼にアプローチするようになると、彼の思考癖はさらにひどくなっていく。最初こそ、数学のクラスで彼女と会って、数学に関する情報を交換することを楽しんでいたが、そのうち遠くから彼女の姿を見ただけで恐れを感じるようになった。一緒に話をすることなどもってのほかだった。どうすれば彼女を避けられるだろうか？　唯一の方法は、大学に行かずに引きこもっていることだった。彼はまさにそのとおりの行動を示した。こうして彼は、ますます社会的に孤立していく。

だが引きこもりは、彼にさらに悪影響を及ぼした。知覚は先鋭化した。たとえば色彩は、それまでより光輝いて鮮明に見えた。大学構内に立つレンガ造りの建物の赤い色はあまりにも鮮烈に見え、目をつつかれるかのように感じるようになった。最悪は音の激烈さで、つねに耳栓をしていなければならなかった。かつては引きこもってさえいれば気分が落ち着いたが、今では引きこもっていても感情が高まり興奮した。「何か奇妙なことが起こっている」。彼はそう感じ始める。

彼の感覚は、ひどくなる一方だった。買い物に出かけると、彼は周囲の人々が自分にメッセージを送っていると思い込むようになった。彼のほうを見て、「ケンブリッジから出て行け」と言っているように思えたのだ。誰もそんなことは言っていないが、人々は目でそう訴えているようだった。ローラと鉢合わせし、彼女の目の輝きを見たときにも、そこに「ケンブリッジを出て、数学を教えることで世界を救いなさい」というメッセージをはっきりと読み取った。また、実際にローラがそばにいなくても、「ニューヨークに行きなさい」という彼女の声を聞くようになり、その助言に従ってバスに乗ってニューヨークに出かけた。

急性統合失調症の症状

ニューヨークのチャイナタウンに到着したアンドリューは、公園に落ち着ける場所を見出した。公園にいた人々も、彼に向かって「数学を広めることで世界を救え」というメッセージを送っているように思われた。そして彼はそのとおりに行動する。大きな模造紙とマジックペンを買ってきて、それに数式を書きつけて壁に貼り、周囲の人々にそれについて教えようとしたのだ。また通行人に話しかけては、模造紙を貼った場所に連れてきた。それを二、三日続けると、彼の知覚はますます先鋭化し、心のなかで思考がめまぐるしく舞い始めた。だが、思考は常時中断された。もはや明晰で一貫した思考を保つことができなくなったのだ。得意の数学でさえわからなくなり、どんな式も思いつけなくなった。心は混乱を極め、頭のなかではあらゆる種類の思考が渦巻いていた。

アンドリューは、公園に住み着いている浮浪者仲間が、自分の心に思考を送り込んでいると思い始め、やがて、もはや思考は、自分のものではなくこの浮浪者のものだと思うようになる。この混沌をいかに脱け出せるのだろうか？　もはや自分は自分ではなく他者であると思い込み始める。いったい自分は誰なのか？　天才物理学者アルベルト・アインシュタインの息子だ！　公園のトイレで鏡を覗き込むと、自分が若い頃のアルベルト・アインシュタインにそっくりであるように見えた。ならば、アンドリューという名の彼は、実際にはアルベルト・アインシュタインの息子でなければならなかった。だから浮浪者の一人に素性を尋ねられたとき、彼は、「自分はアルベルト・アインシュタインの息子だ」と答えたのである。

彼の精神状態に疑問を抱いたこの浮浪者は、彼を食事に誘った。今やアインシュタインの息子となったアンドリューは、誘いを断りたかったが、いかんせん恐ろしく空腹だった。所持金をすべて使い果たし、この浮浪者に頼らざるを得なかったのだ。また、彼に数学を教える絶好の機会になるとも考えた。しかし数学を教えることはもはや彼には不可能だった。それほど彼の思考は混乱していたのだ。この浮浪者は、次々と奇妙な質問をし、最後にはアンドリューに合った施設を紹介しようと言い出す。この施設とは、精神科病院のことだった。最初は抵抗していたアンドリューも、施設への収容を承諾する。ただし少なくとも彼の観点からすれば、それは心を明晰に保ち世界中に数学を広める活動を続けられるよう、寝場所と食事を確保するためであった。

社会的孤立と、世界と脳の断絶

アンドリューに何が起こったのか？　根本的な何かが変化し、彼は、自分や他者や世界をまったく違ったあり方で経験するようになった。世界との関係は変化した、というよりも彼の「世界－脳」関係は断絶したのだ。つまり彼の脳は、身体に由来する内受容性入力と、環境に由来する外受容性入力のバランスを保ちながら、自分自身を世界に関係づけることがもはやできなくなり、脳、身体、世界からの内受容性入力と外受容性入力が交錯して混乱をきたしてしまったのである。なぜそのような事態に陥ったのか？　アンドリューの脳は、世界との「正常な」関係を確立する能力を失ったように思われる。彼の脳の変化を示す証拠には、どのようなものがあるのか？　この問いに答えるには、統合失調症という疾患をまず理解する必要がある。

統合失調症とは何か？　統合失調症の定義と原因には、あいまいな部分があるが、症状に関してははっきりしている。典型的な症状の多くは、アンドリューの架空の症例にも見て取ることができ、若年時の引きこもりはその一つである。統合失調症患者の（すべてではないとしても）多くは子どもの頃、友達と遊ぶより一人でいることを好んでいたはずだ。統合失調症は早期に発症すると論じる、現代の神経科学の理論もある。先天性異常、誕生前後のウイルス感染、高齢出産、社会環境などが、幼少期の社会的な行動の微妙な変化を引き起こす要因としてあげられてきた。

遺伝も要因の一つである。アンドリューの親族には、精神科病院に収容された叔父が一人いることを思い出されたい。精神科医はときに「統合失調症の家族歴陽性」という言い方をするが、これは統合失調症、もしくはその他の重度の精神疾患を持つ第一度、または第二度近親者が親族にいることを意味する。しかし、遺伝的な起源は明らかにされていない。それに関して多くの研究がなされてきたが、統合失調症のはっきりした遺伝子マーカーはまだ特定されていない。心理学や神経生物学の他のあらゆる領域における統合失調症研究にも当てはまることだが、遺伝子のパターンに複合的で微妙な変化は認められるものの、明確な遺伝子マーカーは確定できていない状況にある。

社会的ストレスの増大による症状の悪化も、統合失調症の典型的な症状の一つである。アンドリューの例で言えば、社会的なストレスが高じ、それが主観的に認知されたことがきっかけとなり、症状が発現した。つまり、彼にとって居心地のよい数学の教室の外で、ローラが彼にアプローチしてきたときにそれは起こったのである。その種の社会的ストレスに対処できないために、統合失調症患者はさらに引きこもり、ますます不穏な症状を呈し始める。ニューヨークの精神科医ラルフ・ホフマンは、「社会的な求心路遮断」と呼ばれる症状について論じている（Hoffman, 2007）。患者は引きこもり、社会的な環境からの断絶、つまり「求心路遮断」が起き（環境から信号を受け取らなくなり）、それによって外部からの裏づけをともなわない内的な心的世界への焦点化が生じる。そしてさらに、その状況はやがて、内的な心的コンテンツと外的な心的コンテンツの著しい不均衡を招く。つまり内的な心的コンテンツが完全に優勢になって「それ自身の世界」を構築し始め、それが奇怪な症状として現れるのだ。

こうしたことは、世界との関係に変化が生じていることをはっきりと示している。統合失調症は社会との断絶によって特徴づけられる。世界との「正常な」関係が断たれるのだ。そのような障害にどうアプローチすればよいのだろうか？　私たち健常者は、世界、および自分と世界との関係を自明のものとしてとらえている。私たちの知覚、行動、認知のすべては、世界との関係や世界内における自己の統合を前提とする。この前提には、共通感覚《コモンセンス》が関与している。一例をあげよう。議論の最中に誰かがうなずけば、(少なくとも欧米に住む) 私たちはその人が話者の見解に同意しているものと見なす。私たちは、そのことを暗黙のうちに了解し、以降の知覚や行動の基盤となる共有された意味 (および他者との同意) を前提として築いておくのである。しかしこの見方は、私たちを世界に統合し、その一部とする、もっとも基本的な世界との関係を前提としたときにのみ成立し得る。

統合失調症患者では、世界内での統合をもたらす「世界 - 脳」関係は、変質し、断絶し、最終的には失われる。アンドリューの例に見たように、統合失調症患者には、子どもの頃でさえ奇妙な行動が見られることが多い。議論をしている最中のうなずきが承認を意味することは、アンドリューにとっては自明ではなく疑問の対象になる。彼にはうなずきの意味がわからず、健常者のようにそれを自明のものとしてとらえられない。それに関連して言うと、イタリアの精神分析医スタンゲリーニは、統合失調症における「コモンセンスの喪失」について論じている (Stanghellini et al., 2015; Stanghellini & Rosfort, 2015)。「コモンセンスの喪失」や「社会的な断絶」という概念は、私が言う「世界 - 脳」関係の断絶を意味する。では、なぜ、そしていかに「世界 - 脳」関係は断絶するのか？　次節ではそれについて検討する。

統合失調症のもう一つの典型的な特徴として、アンドリューの例に見たように、一八〜二五歳頃の青年期に症状が突発することがあげられる。なぜか？　残念ながら、その理由はまだわかっていない。脳は思春期、つまり一四歳から一八歳にかけて大幅に再組織化される。その時期には、さまざまな神経回路やネットワークが再組織化され、大規模な変化を遂げるのである。神経活動は、神経の興奮と抑制のバランスによって成り立つ。神経の興奮は、錐体《ピラミダル》ニューロンと呼ばれる特殊なニューロンと、神経伝達物質のグルタミン酸によって引き起こされる。錐体ニューロンは、タイプの異なるニューロンである介在ニューロンと、神経の抑制を媒介する伝達物質ガンマ－アミノ酪酸（GABA）と密接に関連している。つまり私たちが観察している神経活動は、ニューロンの興奮と抑制の、言い換えるとグルタミン酸とGABAの相互作用とバランスの結果なのである。とりわけGABAと介在ニューロンは、思春期に大規模な再組織化を受けるらしい。統合失調症をやがて発症する被験者から得られた発見には、思春期における介在ニューロンとGABAの異常が見られたが、それが症状や疾患そのものとどう関係するのかは、現時点では明確になっていない。

とはいえ、介在ニューロンとGABAが、統合失調症の発症に重要な役割を果たしているとは言えそうだ。アメリカの精神分析医デイヴィッド・ルイス（2014）の手でなされた数々の研究により、統合失調症を抱える人では、背外側前頭前皮質のGABAのレベルが低下し、介在ニューロンが変化していることが報告された。これらの現象の発見により、統合失調症患者は神経の抑制の問題を抱えていることがわかる。そのようなGABAによる抑制の低下は、感覚システム、とりわけ感覚皮質にも起きると考えられている。ハーバード大学のあるケンブリッジで暮らしていた頃のアンドリューが、聴覚と視覚の先鋭化に悩まされていたことを思い出されたい。彼には、色、とりわけ赤がより鮮烈に見え始め、音やノイズが耐え難いほど鋭く聞こえるようになったのである。

ニューヨークの精神分析医ダン・ジャヴィットは、やがて統合失調症を発症する子どもの聴覚皮質と視覚皮質に、感覚処理の抑制の低下が見られると報告している（Javitt & Freedman, 2015）。聴覚皮質や視覚皮質は通常、過剰な情報が同時に入力されたときには、抑制することで入力情報をコントロールしようとする。統合失調症を抱える人は、このフィルタリングメカニズムが機能不全に陥っているらしい。彼らは入力情報を選別しコントロールする能力を失っているために、いとも簡単に感覚情報に圧倒されてしまうのだ。アンドリューの例からもわかるとおり、個人の経験のレベルでは、この問題は聴覚と視覚の先鋭化という形態をとって現われる場合がある。

過剰な感覚刺激を受け取った脳は、それらを選別できなくなる。ニューヨークなどの海に面した都市を考えてみればよい。海沿いの都市では、海水の浸入を防ぐために堤防が築かれている。

また、少数の限られた運河だけが海に接続するようにして、海水による氾濫を防いでいる。さて、これらの堤防や運河がすべて決壊したら、何が起こるだろうか？　その都市は水浸しになり、市街地と海の区別は、消え去りはしないとしてもあいまいになるだろう。統合失調症では、それに似た状況に陥る。統合失調症患者は、環境からの入力によって「水浸し」になっているのだ。つまり彼らの脳は、外界からの多様な入力をコントロールする能力を失い、それらを適切に構造化し組織化することができなくなっているのである。

アンドリューが経験したのもこの状況である。そしてそれが起こったのは、彼が人文分野の講座をとったときであり、ローラにアプローチされたときであった。これらの経験は彼の対応能力を超えており、結局そのために彼の内なる堤防や運河が、つまり彼の脳の感覚フィルタリングのメカニズムが決壊してしまったのだ。さらには内と外の区別や、脳、身体、環境の区別は、完全に消滅はしなかったとしてもあいまいになった。かくしてアンドリューは、統合失調症の急性期に突入したのである。

アンドリューのこの経験が「世界－脳」関係について教えてくれるものとは何か？　それは、「世界－脳」関係には、環境内の事象を選別する役割を果たす境界が含まれることである。この「世界－脳」境界は明らかに、脳の安静状態とその人を過負荷から保護する。脳の内在的な活動は、世界から間断なく流れ込む入力情報を空間的・時間的な意味で構造化し組織化して、「世界－脳」境界を確立するのだ。

「世界－脳」関係の復元としての妄想、声、新たなアイデンティティ

統合失調症患者は多くの場合、典型的な初期の知覚の変化のあと、広く共通して報告される症状を発達させる。たとえばアンドリューは、精神科医が「妄想」と呼ぶ症状を発達させた。妄想を経験している患者は、他者の行動に異常な意味を読み取る。アンドリューの例で言えば、彼は他者の目に、「ケンブリッジを去って、人々に数学を教えよ」という隠れたメッセージを読み取った。統合失調症患者では、眉を上げるなどといった他者の些細な動作であっても、その種の異常な意味が喚起されるのである。

妄想は通常、否定的かつ懲罰的であり、本人に多大な苦痛をもたらす。ただしアンドリューに関して言えば、人々に数学を教えることが彼の本望であり自己の一部であった点に鑑みれば、妄想は否定的というより肯定的なものであったと言えるかもしれない。妄想は奇怪なものになることが多いとはいえ、このように自己と肯定的にかかわる場合もあり得る。また妄想は、統合失調症患者が自分の異常な知覚や思考を理解しようとして動員する反応、すなわち一種の補償戦略としても見ることができる。

統合失調症の他の典型的な症状に、幻覚、とりわけ幻聴がある。アンドリューは、本人がそばにいないにもかかわらずローラの声を聞いた。そしてその声には、「ニューヨークに行け」など

のような、従わねばならないと感じさせるメッセージが含まれていた。このような声の「助言」に患者が従わなかった場合、声は強迫性をさらに増して、「その意志」を押しつけようとする。その結果、患者はますます激しい苦痛を感じ、現実と幻覚を区別することがさらに困難になる。

脳はいかにして、その種の声を生むのか？　大規模な脳画像研究によれば、統合失調症患者においては、聴覚皮質の安静時活動が異常に激しい（概要はFord et al., 2014; Northoff, 2014a, 2014cを参照されたい）。この現象は、彼らが人々の声を聞いていないときにも認められ、また、とりわけ内的な声、つまり幻聴を聞いているときに見られる。さらに興味深いことに、外的な音にさらされても、彼らは異常に高まった聴覚皮質の安静時活動を抑えられなかった。これは、聴覚皮質では、刺激に喚起された活動が減退することを意味する。言い換えると、内的に生成された安静時活動と、それによる内的な音、つまり幻聴によって、外的な音や、それに喚起される活動が圧倒されるのである。かくして聴覚皮質における内的処理と外的処理のバランスは、外的刺激を犠牲にして内的刺激を重視する方向へと傾く。

では、安静時活動が高くなったからといって、必ず声が聞こえるわけではないのに、なぜ異常に高まった安静時活動は幻聴を引き起こすのか？　その答えは、現在のところはっきりしていない。一つの説明として、安静時活動にも「変動性」と呼ばれる継続的な変化が見られることがあげられる。安静時活動の異常な高さは、大きな変動性をともなっているのかもしれない。たとえば、聴覚皮質の安静時活動が、突如として低レベルから高レベルに変化したとする。すると安静時活動における変化の程度は、外的な刺激によって通常引き起こされる変化の程度に匹敵するほど大きくなると考えられる。そしてこの状態が生じると、外部からの声によって引き起こされる場合と同じようにして、内的な声の知覚が安静時状態に引き起こされるのだ。この説の正否は、今後の研究によってわかるだろう。

アンドリューは、その他にも典型的な統合失調症の症状を呈している。思考は完全に混乱して無秩序になり、とめどなくあふれ出るようになった。多くの統合失調症患者と同様、思考を構造化し秩序づけることができなくなった。精神分析医は、統合失調症を「思考障害」として分類する。患者はものごとに集中できなくなり、思考は断絶したり断片化したりして妨げられる。また、アンドリューが経験したように、思考が過剰になり本人を圧倒する場合も多い。

また、アンドリューは他者のアイデンティティ（アルベルト・アインシュタインの息子）を取り込んでいた。これは、精神分析医によって「自我の混乱」「アイデンティティの混乱」などと呼ばれ、事実、統合失調症のもっとも奇怪な症状だと言える。患者は自分自身を他者として、つまり他者の自己として経験する。彼らは、キリスト、釈迦、ネフェルティティ〔古代エジプトのファラオ、アクエンアテンの王妃〕、あるいは自国の大統領や首相など、有名人のアイデンティティを取り込むことが多い。その理由は不明だが、一般に尊敬されている人物のアイデンティティの（無意識的な）取り込みは、自己の感覚の問題と、その基盤をなし経験を特徴づける神経メカニズムに深く関わっている。自己を他者として経験する統合失調症患者の脳では、何が機能不全に陥っているのだろうか？　この問いは、統合失調症の根本的な混乱をめぐる問いに関係するが、それについては次節で検討する。

しかしその前に、これらの症状と、私が提起する「世界 - 脳」関係という概念の結びつきを検討しておこう。妄想やアイデンティティの変容などの症状は、世界と脳の境界の崩壊に対する反応と見なすことができる。統合失調症患者においては、世界と脳の境界があいまいになり、最終的には崩壊する。そのために彼らは、「何が自己で何が世界か」、つまり「何が内部で何が外部か」に関して混乱をきたす。私の見るところ、統合失調症の症状は、自己、および自己と世界の関係を再組織化しようとする試みとしてとらえられる。これらの試みは、「世界 - 脳」関係において崩壊したもの、あるいは失われたものを再構築する補償戦略なのだ。

根本的な混乱と世界からの自己の解離

これらの奇怪な症状は何に由来するのか？　その基盤は何か？　脳画像法がまだ存在しなかった二〇世紀初頭、頼れるものといえば臨床的な所見しかなかったが、エミール・クレペリンやオイゲン・ブロイラーらのドイツやスイスの精神科医は、統合失調症の根源には自己の異常が存在すると想定していた（あとで見るように、神経画像は、統合失調症患者の脳に見られる根本的な混乱の神経学的基盤を明らかにした）。クレペリンは、統合失調症を「意識の分裂（指揮者のいないオーケストラ)」をともなう「パーソナリティの内的一貫性の特異な崩壊」として特徴づける(1913, p. 668)。またブロイラーの指摘によれば、統合失調症は「『私』が完全に無傷ではいられない」ような「分裂や解離によるパーソナリティの障害」と見なすことができる(1911, p. 58)。ブロイラーやクレペリンと同時期に活躍したドイツのヨーゼフ・ベルツェ(1914)に至っては、統合失調症を「自己意識の根本的な変化」と呼んでいる。さらには、ドイツの高名な精神科医カール・ヤスパースは、統合失調症の「中心的な要因」として、「一貫性のなさ、解離、意識の断片化、精神内失調、統覚作用の衰弱、不十分な精神活動、関係性の混乱」をあげている(1964/1997, p. 581)。

自己に関する主観的な経験に、この種の根本的な混乱がいかに出現するのだろうか? 混乱した自己に関するこれらの記述は、世界との関係における自己の経験に焦点を絞る現代の現象学的な記述によって補完される。デンマークの精神科医ヨーゼフ・パルナスは、統合失調症における「現存〔自分がたった今ここにいるという感覚〕」の変質を論じている(2003; Parnas et al., 2001)。世界とそれが含む事物の経験には、もはや前反省的〔反省を通さずに経験が直接的に与えられていること〕な自己認識がともなわない。つまり、世界を経験する自己が、当のその経験から締め出されてしまうのである。パルナスは次のように述べる。

統合失調症発症の前段階における現存の変質という顕著な特徴は、アイデンティティの混乱であり、そのもとでは経験はもはや自己の感覚によって満たされない。たとえば、当の経験が自分のものであるという感覚が微妙に変化する場合がある。われわれの患者の一人は、経験がまさに自分の経験であるというこの感覚が、「一瞬遅れる」と報告している（Parnas, 2003, p. 225）。

統合失調症患者は、世界を経験するなかで自分自身に触れることができない。世界の経験が自分の経験ではないかのごとく思えるのだ。世界の経験に自己の感覚を欠くがゆえに、統合失調症患者は自分の経験から切り離され、疎外される。そして自己の感覚を失うことで、自らの経験が主観的なものとして感じられなくなる。そのため、経験の主体であるはずの自己が自分の経験の影響を受けなくなる。サス（2003）はこれを「自己影響性の障害」と呼び、自己は自身が所有するものとして経験されなくなる。そしてさらに重要なことに、自己が経験、行動、知覚、思考の中枢や源泉として感じられなくなる。これは、サス（2003）の言う「自己影響性の減退」にあたり、そのような状況下では自己が自らの経験の影響を受けなくなるのである。

もはや自分の経験に影響されなくなった自己は、世界内の事物やできごとから孤立する。パルナス（2003, p. 225）が述べるように、世界と自己のあいだに深淵、すなわち現象学的な隔たりが生じるのだ。世界内の事物やできごとは、もはや直感的に把握できなくなり、そのためにそれを経験する主体にとって意味をなさなくなる。世界の経験と知覚において、自己はほとんど客体となり、機械のごときものと化す。

わかりやすく言えば、自己が世界から疎外されるのである。自己はそれ自身を世界の一部として経験しなくなり、世界と自己のあいだに距離が生じる。私の考えでは、これは世界と脳の断絶に起因する。では、この断絶の原因は何か？　統合失調症では脳の何が変化するのか？　これらの問いに答えるには、脳の安静状態と正中線領域の問題に戻る必要がある。

脳の混乱と、安静と刺激の相互作用の喪失

第3章で、自己特定的な刺激は、正中線に沿う皮質領域の活動の変化に結びついていると述べた。興味深いことに、これらの領域は、課題を行なわず、外的な刺激を受けていない安静時に、極度に高いレベルの神経活動を示す。そして何よりも注目すべきは、これらの領域における高レベルの安静時活動が、自己特定的な刺激を受けたときに引き起こされる神経活動の変化と重なりあい、それを予示するように思われる点だ。

総括すると、これらの発見は、正中線領域の内因性の活動が、自己の感覚や自己特定性と密接に関係していることを示唆する。ならばこの内因性の活動は、自己や自己特定性に関連する何らかの情報をコード化して含んでいると考えられる。それが正しければ、統合失調症における自己の異常は、安静時活動の異常と、自己特定的な刺激に喚起された活動の異常の両方によって特徴

づけられる。この見方は、研究によっても裏づけられている。

さまざまな研究によって、デフォルトモードネットワーク（ＤＭＮ）の一部としての正中線領域が、統合失調症患者を対象に調査されている。統合失調症患者を対象に行なわれた脳画像研究は、とりわけ大脳前皮質正中内側部構造（ａＣＭＳ）に、安静時活動と機能的結合性の異常を報告している。被験者に短期記憶課題を課したある研究が示すところでは、ａＣＭＳ、および後帯状皮質（ＰＣＣ）や楔前部などの後部ＣＭＳの活動には、健常者ほど変化が見られない（Whitfield-Gablieli et al, 2009）。この発見は、安静状態がもはや外部刺激に反応せず、そのために認知課題に反応して適切な活動の変化を引き起こせなくなったことを示す。健常者と比較した際に見られる活動の変化の減少は、統合失調症患者にも、患者の血縁者にも認められる。

さらに言えば、まったく同じ患者に、ａＣＭＳと、ＰＣＣなどの後部ＣＭＳ領域とのあいだの機能的結合性の増大も見出されている。これは、これらの領域が互いに強く結びつき、時間的に緊密に同期していることを示す。さらに興味深いことに、過度の機能的結合性は、幻聴や妄想などの統合失調症の陽性症状に相関する。つまり、ＣＭＳにおける機能的結合性が高ければ高いほど、妄想や幻覚の症状はそれだけ強くなるのである。

ａＣＭＳにおける活動の変化の減少は、ワーキングメモリを同じように調査した研究でも観察されている（Pomarol-Clotet et al., 2008）。前述の研究と同様、この研究でも被験者に短期記憶課題が与えられた。その結果、統合失調症患者のａＣＭＳの活動の変化には、健常者と比べて異常なレベルの減少が認められた。また他の研究と同じく、統合失調症患者の右背外側前頭前皮質に異常な神経活動が見られた。他の研究でも、統合失調症患者には、aCMSにおける活動の変化の異常、ならびにaCMSと後部CMSから島皮質に至る機能的結合性の異常が見出されている(概要はNorthoff, 2015bを参照されたい)。

統合失調症患者には、課題によって喚起される活動の減退や機能的結合性の異常に加え、特定の時間周波数における変動など、別の安静時活動の異常も報告されている。たとえばホプトマンらは、統合失調症患者においては、aCMS(と海馬傍回)における安静状態の低周波変動が増大し、島皮質など他の領域では減退することを見出している(Hoptman et al., 2010)。また、統合失調症患者を対象とする他の研究でも、aCMS(や後部CMS領域や聴覚ネットワーク)における低周波変動(<0.06Hz)の異常な高まりが見出され、それと陽性症状の重症度とのあいだに相関関係があることが報告されている。

これらの発見は何を意味するのだろうか? 低周波変動は、極端に長い周期(時間)を示す。そしてこの長い周期は、健常者では通常別々に処理されるさまざまな刺激や事象を結びつけ統合する。統合失調症患者はこのメカニズムのせいで、たとえば自分の頭の振りと、風による木の枝の揺れを結びつけるなど、「現実世界」では切り離されている別個の事象を関係づけようとするのだろうか? 患者は、木の枝が揺れているのは自分が頭を振って風を起こしたからだと考えているが、精神科医にとっては、その手の思考は妄想以外の何ものでもない。

安静状態に関する研究による発見は、統合失調症患者では安静状態の空間／時間構造が異常をきたしていることを示す。機能的結合性として測定される空間構造は異常に硬直的で、そのために外部刺激に反応して変化することができない。周波数変動によって確立される時間構造も異常をきたしており、とりわけ長く遅い周期で極端な高まりが見られる。統合失調症患者は、この周波数変動の異常によって、通常はまとめられることのない複数の刺激を結びつけ統合するようになる。このことから、安静状態における空間／時間構造の異常が、とりわけ環境からの外部刺激（と身体からの内部刺激）に対する脳の反応に強い影響を及ぼしていることがよくわかる。

かくして統合失調症患者においては、外部刺激との最適な相互作用を可能にする適切なインターフェースとして、安静状態が機能しなくなっていると見られる。より包括的なレベルで言うと、脳が世界とのコミュニケーションをとれなくなり、安静状態と刺激の相互作用によって示される「世界－脳」関係が断絶して、脳とその安静状態が、世界と、それに由来するさまざまな入力刺激によって更新も調整もされなくなるのである。実際、安静状態と刺激のいかなる相互作用も失われる。その結果、脳と安静状態は世界との結びつきを失い、世界で生じている事象とは無関係に、自身の活動やその変更を行なうようになる。こうして、統合失調症の症状が現れると、「世界－脳」関係は失われていく。

統合失調症における自己と、世界と安静状態の不一致

安静時活動に加え、脳は外部からの刺激に喚起された活動によっても特徴づけられる。第3章で見たように、自己特定的な刺激（自分の名前など）を用いて、外部からの刺激が脳の神経活動に影響を及ぼす様態を調査できる。そして、その効果と、自己非特定的な刺激（他人の名前など）の効果を比較することができる。

この種の実験は一般に健常者を対象に行なわれるが、統合失調症患者を被験者として行なわれる場合もある。ホルトらによる脳画像研究は、統合失調症患者では、前部から後部にかけての正中線領域の異常な接続性が、自己特定的な処理に関連することを示した（Holt et al., 2011)。この実験では、特性語の自己特定性の程度を判断させる言語課題と、その他二つの課題（表示された言葉と他者との関係を問う課題、および大文字もしくは小文字で書かれた文字を判断する知覚課題）が統合失調症患者に出題され、その成績が調査された。

実験の結果、次のことがわかった。統合失調症患者では、特性語課題を行なっているあいだは、中央部から後部にかけての帯状皮質など、後部正中線領域の活動が急激に高まっていた。それに対し、内側前頭前皮質などの前部正中線領域におけるシグナルの変化は、健常者と比べて著しく減少した。さらに、正中線領域の機能的結合性は、後部から前部にかけて異常に高まっていた。統合失調症における自己特定性を調査した他の研究でも、前部正中線領域と後部正中線領域の不均衡をともなう正中線領域の類似の変化が確認されている。

まとめると、これらの結果により、統合失調症患者ではとりわけ自己に関連する刺激を処理する正中線領域の安静時活動が異常をきたしていること、ならびに、自己特定的な刺激を処理するあいだ、前部正中線領域と後部正中線領域のバランスが変化することが示された。

さてここで、「刺激に喚起された活動の異常は、安静状態の異常と関係しているのか？」という問いを立てることができる。残念ながら、統合失調症患者を対象に、安静状態の異常と自己特定的な刺激の結びつきを調査した研究は現時点ではなく、将来の研究が待たれる。そうした研究の結果が得られれば、外部からの刺激に自己特定性を付与する際の基準として、内因性の脳活動に含まれる自己に関する情報が利用されるという仮定を裏づけられるだろう。言い換えると、かつて精神科医が自己の根本的な混乱と呼んでいた、統合失調症患者に見られる障害の背後には、安静状態の異常が存在するのかもしれない。また、自己特定的な刺激によって引き起こされた脳活動の変化は、パルナスらの現代の精神科医が言及している、自己に関する異常な主観的経験に対応するのかもしれない。

さらに言えば、そのような安静状態の異常に由来する自己の混乱は、安静状態と環境の関係、すなわち「世界－脳」関係を崩壊させる。自己は世界との関係を確立するための構造や組織を提供しており、この自己特定的な構造や組織は、詳細は未解明だが、安静状態の空間／時間構造にコード化されている（第3章参照）。安静状態の空間／時間構造は、環境からの外部刺激を脳に結びつける。これはおそらく、外部刺激の空間／時間構造（環境内での空間／時間次元における外部刺激の発生の順序と配置）を、脳の安静状態の空間／時間構造に一致させることで可能になるのだろう（Northoff, 2014b）。この一致が正確であればあるほど、それだけ高い自己特定性や自己関係性が環境からの刺激に付与されるのである。

統合失調症患者においては、この外部刺激と安静状態の空間／時間構造のマッチングはうまく機能していない。その理由は現時点ではわかっていないが、わかっているのは、この不一致が「世界－脳」関係を阻害し、そのために統合失調症患者が、外界の事象に自己特定性や自己関係性をまったく付与できないということだ。そして自己特定性や自己関係性を欠けば、ニューヨークの公園に住んでいた頃のアンドリューのように、世界内で生じるあらゆる事象が奇妙に見え始める。だから彼は、世界内で生じる事象を理解するために、健常者には奇怪に思える説明をつむぎ出したのだ。彼にとって世界はそれほど奇怪なのである。私たちはアンドリューの説明を「妄想」と呼ぶ。しかし本人の視点からすると、彼は単に自分に合った世界の見方や説明を提起したにすぎないのだ。

統合失調症は、脳の安静状態の空間／時間的な障害なのか？

ならば、統合失調症とは何か？　現時点では、その答えはわかっていない。いくつかの神経の異常が報告されてはいるが、それらの異常やさまざまな症状を引き起こしている神経メカニズムは、まだ解明されていない。それゆえ、臨床で参照できる指標や、有効な治療方法は今のところ存在しない。ならば、このないない尽くしの状況のなか、本章の議論から何を学べるのか？　統合失調症は、安静状態とその空間／時間構造の障害だと考えられる。この見方が正しければ、統合失調症の種々の症状は、感覚運動、感情、認知、社会に関わる、刺激に喚起された脳活動の症状というより、安静時脳活動の異常からくる空間／時間構造の症状であるということになる（たとえばNorthoff, 2015a, 2015b, press-aを参照されたい。また、抑うつの精神病理学的症状に関する類似の空間／時間的な解釈についてはNorthoff, press-bを参照されたい）。

現時点では、この仮定はかなり大胆だ。というのも、現状では脳の安静状態それ自体に関しても、それが構築する空間／時間構造に関しても十分に理解されていないからである。しかし、ひとたびこれらについて理解が進めば、空間／時間的な文脈に照らして統合失調症の症状を見ることができるようになるだろう。そして次に、さまざまな症状を空間／時間的な観点から特徴づけ、安静時脳活動の特定の空間／時間的特性に結びつける必要がある。この方法は、統合失調症などの精神疾患に対する「空間／時間アプローチ」と呼べるだろう。

このアプローチは、統合失調症の症状に関する深い理解のみならず、新たな治療手段をもたらしてくれるはずだ。そうなれば、空間／時間的に脳に働きかける刺激を用いて安静状態の空間／時間構造を調整する方法を開発できるだろう。たとえば、音楽療法という音楽による刺激を与える方法などが考えられる（ただし、より対象を絞った、安静状態に関する知見に基づく神経生理学的手段を通じてではあるが）。あるいは、安静時脳活動の特定の空間／時間的な特性を調整する新薬や他の手段（磁気刺激など）も考えられる。そのような空間／時間療法が有効なら、統合失調症患者に新たな治療オプションを提供できるだろう。

それと同時に空間／時間療法は、安静状態の空間／時間構造が、神経から心への変換の仲介に中心的な役割を果たすという仮定の正否を示してくれるはずだ。この種の空間／時間療法がうまく機能すれば、われわれのこの考えは、多かれ少なかれ正しかったということになる。逆に統合失調症の症状を緩和しないのなら、このメカニズムは神経から心への変換に何の役割も果たしていないことがわかる。いずれにせよ、この問いに答えるには、神経科学、精神医学、神経哲学に関する徹底的な調査が今後必要である。

統合失調症が世界における私たちの存在について教えてくれること

統合失調症は神経から心への変換のみならず、私たちの存在の根源的で本質的な部分についても教えてくれる。統合失調症によって生じる「世界－脳」関係の崩壊は、自己のもっとも基本的な感覚を含め、すべてを変える破壊的な結果をもたらす。根源的な「世界－脳」関係が崩壊すれば、自らの確実性が揺らぎ、世界に根ざすことができなくなる。そうなると自分はもはや世界の一部ではなくなり、その結果、世界そのものが疑わしくなり、妄想におけるように危険と脅威に満ちた場所と化す。他者の理解、常識、他者や他者の心との目に見えないきずなは、すべて失われる。かくして統合失調症患者は、世界から切り離され、自身の脳内に閉じ込められる。アンドリューの例に見たように、このような事態は自己の存在そのものを脅かす。それゆえ統合失調症は、「世界－脳」関係が実存的な関係と見なせるのと同じ意味で、実存的な障害と見なすことができる。

「世界－脳」関係の探究には、大きな困難がともなう。神経科学については、脳とその安静状態が世界と結びつき、「世界－脳」関係に基づいて世界内で統合される神経メカニズムの解明が、今後の課題として残されている（Northoff, 2014c 第20の、「環境－脳」統合に関する記述を参照されたい）。すでに私たちは、「世界－脳」関係の異常な変化が抑うつにつながることを（第4章参照）、また、その崩壊が統合失調症という、より重い精神疾患を引き起こすことを見てきた。

哲学については、意識や自己などの心的特性に「世界－脳」関係が必須である点に鑑みて、心脳問題を「世界－脳」問題として再定式化する必要がある。「世界－脳」関係は、「心は存在しない」ことを明確化する。心が存在しないのなら、心を脳と想定したところで、それらの関係を論じる必要はない。その代わり私たちは、世界と脳の重なりや、それらが互いに共有する特性、そして「世界－脳」関係、さらにはその接点《インターフェース》が意識や自己などの心的特性の形成を可能にするあり方に探究の焦点を絞るべきだ。

最後につけ加えておくと、「世界－脳」関係は心的特性に関する哲学的な意味合いに加え、実

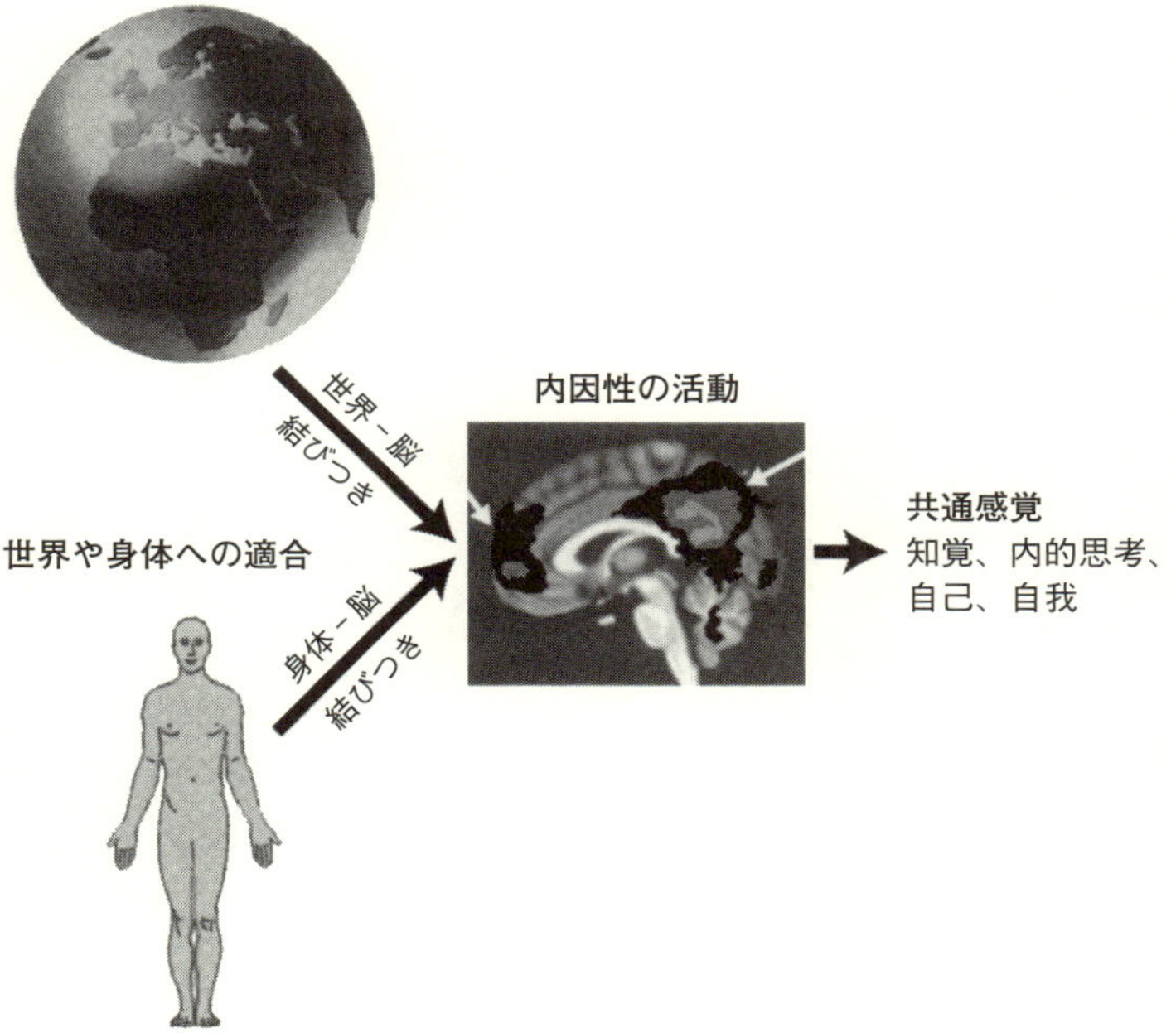

図6.1a

存的な意味も多分に含む。私たちの存在は、「世界－脳」関係に深く根をおろしてそれを基盤にしている。そしてこの関係は、脳の安静状態がつねに自らをその都度、環境の文脈に適合させることで構築される。「世界－脳」関係を基盤にすることによってのみ、私たちは自分自身を世界の一部として経験し、自己の感覚を生み出すことができるのだ（そして、統合失調症においてはそれが失われる）。

このように「世界－脳」関係は自己の存在や感覚を意味しており、これを失えば、統

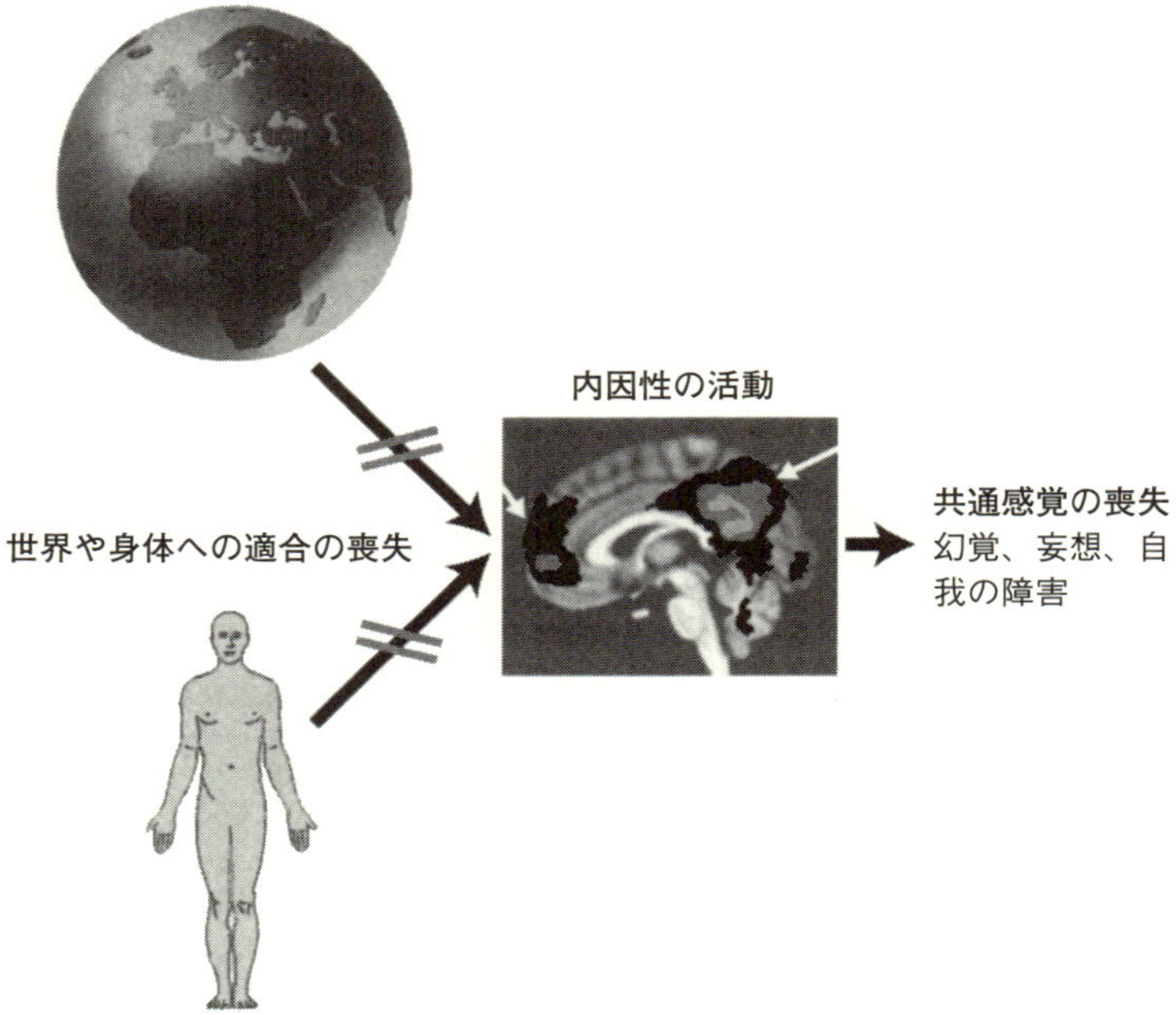

図6.1b

合失調症患者に見られるように自己の存在や感覚の喪失に至る。私たち、ならびに私たちが身をもって経験する自己の感覚は、まさに「世界－脳」関係なのであり、それがすべてである。私たちはこのように存在している。本質的に関係的で、それゆえ世界に根づいているのだ。そして、このような関係的な存在と「世界－脳」関係以外には何も存在しない。

「世界－脳」関係は、人間存在のみならず哲学一般の境界を画する。そこを超えると、心のようなありもしない実体を想定するしかなくなる。すると私たちは、自分自身を超えた外界に関して、多かれ少なかれ同じように妄想を抱き始める。かくしてアンドリューやその他の統合失調症患者は、自らが住まい他者と共有する世界に関して妄想を抱いているのである。

第７章

アイデンティティと時間

「世界－脳」関係はいかに構築されるのか？

ここまで私は、「世界‐脳」関係を想定し、情動的感情の形成に果たすその中心的な役割や、統合失調症や抑うつにおけるその崩壊に着目してきた。これらの疾患は、「世界‐脳」関係が自己の感覚をはじめとする心的特性や、さらには世界の一部としての自分の存在の中核をなしていることをはっきりと示している。だがこのように考えを進めても、「世界‐脳」関係がいかに構築されるのかという問いには答えが出ない。「世界‐脳」関係を構築するメカニズムとは、いかなるものか？　もう一度、統合失調症について考えてみよう。アンドリューの例では、彼が自分を他者として経験したときに、アイデンティティが変化したことを見た。この根本的な変化を知ると、哲学で「人格的同一性《パーソナルアイデンティティ》」と呼ばれる、時間を通じて変化しない人間としての自己の感覚の同一性や一貫性について思案せずにはいられないだろう。最終章でもある本章では、この「人格的同一性」と「時間」の関係、ならびにそれがいかに「世界‐脳」関係を構築するのかに焦点を絞る。

世界と脳の不連続性vs自己とアイデンティティの連続性

ここで再びアンドリューの例に注目しよう。彼は統合失調症の影響で、自分を他者として経験していた。精神科医は、これを「アイデンティティの混乱」と呼ぶ。アンドリューは自分のアイデンティティを失ったのだろうか？　彼はもはや同一の人格を持たなくなってしまったのか？　それとも、それは単なる錯覚にすぎず、精神疾患の徴候を示すあいだも、彼は同一のアイデンティティを維持し、同一の人格を保っていると見なせるのだろうか？　このようにアンドリューの例は、何がその人の人格的同一性を構成するのか、また、いかに人格的同一性を定義すべきなのかという問いを突きつける。

人は、時間にさらされている。時間は、私たちを変えながら流れ続ける。私たちは年齢を重ね、外見を変えていく。皮膚には皺が寄り、筋肉は衰弱する。しかし身体の変化にもかかわらず、私たちは依然として同一の人格を持つものとして自らを経験する。私は、二〇年前に初恋をしたときの私と同じ人間だ。身体はつねに変化していくが、意識的な自己の経験においては、自分は自分のままである。なぜそのようなことが起こり得るのか？　この問題は、哲学の分野では、人格的同一性（時間を超越した人格の同一性）をめぐる問いとして議論されてきた。

アイデンティティと時間の関係は、ある種のパラドックスを提示する。私たちは、時間とその持続的な流れに従う。私たちの内部や周囲のあらゆるものが変化する。身体も環境も思考も変化する。意識のコンテンツは次から次へと移ろう。脳とその安静時活動でさえ、決して同一の状態に留まってはいない。そこには絶えざる変化が存在し、それは変動性に現れる。安静時脳活動の大きさは絶え間なく変化し、変化量、つまり変動性によって測定できる。変化による経時的な変動性は重要である。たとえば、正中線領域における安静時変動性の過度の低下が、植物状態に見られるような意識の喪失をもたらすことはすでに見た（第1、2章参照）。安静時脳活動に何の変動も存在しなければ、その人は昏睡状態に陥り、やがて脳死に至ってあらゆる神経活動が停止するだろう。

脳のニューロンでさえ、絶えず変化している。それらは絶え間なく生み出され、現在の私の安静状態を支えているニューロンは、二〇年前のそれとは異なる。神経科学者は、この絶えざる変化を「可塑性」と呼ぶ。可塑性は、安静時活動からニューロン、脳領域、ネットワークに至るまで脳のあらゆるレベルに認められ、それらは、それぞれの構造や活動のレベルでつねに変化している。

このように脳が柔軟で変化に富むのであれば、自己の感覚や、それに続く人格的同一性は、なぜ変わらずにいられるのか？　私の脳とその安静状態は、眠っているあいだに変化する。それにもかかわらず、朝目覚めたときには、昨夜眠りに入る前の自己と同一の自己を再び経験する。つまり、私の人格的同一性は保たれるのである。このように、脳内ではあらゆる変化が生じているにもかかわらず、私の自己とアイデンティティは同一のままでいる。脳は変わってもアイデンティティは変わらないなどということが、どうしてあり得るのか？

自己と人格的同一性は、脳の活動にではなく、それとは別の何か、すなわち絶えず変化することがなく、時間が経過しても本質的に同一でいられる何かに依拠しているのだろうか？　この問いに答えるには、時間が経過しても維持される特性を探さなければならない。ここでも私たちは、統合失調症から学ぶことができる。アンドリューや他の統合失調症患者は、アイデンティティの変化を経験している。つまり、かつてとは異なる人格を持つ。彼らの安静時脳活動の絶えざる変化は明らかに、自己やアイデンティティを維持するようなあり方で、神経から心への変換を実行していない。脳の不連続性は、もはや自己の連続性を生まず、不連続性を生み出しているのである。なぜそのような事態が起こるのか？　次節ではそれについて検討する。

通時的アイデンティティと共時的アイデンティティ

何がアイデンティティの連続性を可能にしているのか？　身体だろうか？　記憶だろうか？　それとも私たちが心と考えている何かであろうか？　人格的同一性をめぐる議論では、たいていこの種の問いが立てられる。それは首尾一貫した概念というよりも、種々の問題の混合と言ったほうがよいだろう。そもそも「人格《パーソナル》」という概念が問題を孕んでいる。何が人を事物ではなく一人の人格たらしめているのか？　人格の概念はいかに定義されるのか？

この問いに対するアプローチの一つとして、自己を物質として特徴づける方法がある。私たちは、身体と脳から成る単なる物質にすぎないのか？　エリック・オルソン（1997）が述べるように、「ヒューマンアニマル」にすぎないのか？　この見方は、人間と非人間の区別を困難にする。デイヴィッド・ヒュームの伝統に従って、私たちはもろもろの知覚の束にすぎないと主張する者もいる。さらには、私たち人間は、特定の形而上的な実体なのか、それとも身体的、心的実体なのかという問いもあり、それに関して、形而上的な特徴づけの探究が行なわれている。

人格的同一性の概念における主要な問題は、この語の後半部分「同一性《アイデンティティ》」にある。時間を通して、何が人格の同一性を保っているのだろうか？　現在五二歳の私は、二三歳のときと同じ人格を持つのか？　確かに人は、皮膚の皺や髪の色などの身体的特徴から、思考、信念、態度などの心的特徴に至るまで、時の経過とともに大きく変化する。だが、これらの身体的、心的特徴の変化にもかかわらず、私は依然として同じ人格を持っている。

アイデンティティの時間的な連続性に関する問いは、「アイデンティティの持続性」、あるいは「通時的なアイデンティティ」に関する問いであるとも言える。身体は時間を通して持続する。もちろん大きな変化を被りはするが、私の身体は時間が経過しても同一の身体であり、そこに「身体的連続性」を想定することができる。あるいは、「心理的連続性」を想定すれば、心理的な機能の同一性を主張することもできよう。とりわけそれにふさわしい心理的な機能は、イギリスの哲学者ジョン・ロックが初めて指摘したとおり記憶である。できごとや自己について記憶し、のちになってそれを思い出す能力は、時が経っても同一の人格を持つ存在として自己を同定するのに必要な時間的連続性を提供してくれるはずだ。

私たちは、二つのあり方で人格の同一性について問うことができる。「ある時点で、ある人を特定の人格を持つ存在にするものは何か?」と、「時が経過しても、ある人を同一の人格を持つ存在として存続させるものは何か?」である。後者の通時的アイデンティティの概念は、前者の共時的アイデンティティの概念によって補完される。私は時の経過を通じて複数の人格を持ち得る。この可能性には、通時的アイデンティティが関わる。さらには、私はある特定の時点において複数の人格を持ち得る。この可能性には共時的アイデンティティが関わる。私の脳が二つに分裂している場合に、もしくは異なる複数の自己が同一の身体に共存する「解離性同一性障害(一般的には多重人格障害として知られる)」を抱えている場合に、この状況は起こり得る。私は、二つに分離した脳のそれぞれに結びついた二つのアイデンティティを持ち得るのか? 精神分析医が解離性同一性障害と呼ぶこのような症状に関して、哲学者は人格的同一性について語り、神経科学者は二つの脳半球を見出す。これについてはあとで検討する。

記憶とアイデンティティ

時が経過しても人格を保つアイデンティティの感覚は、何に依拠しているのか? その候補として、記憶がしばしば持ち出される。ジョン・ロックらの近世初期の哲学者は、過去のエピソードを思い出し、それを同一の人格に帰属させることで、時が経過しても保たれる人格の連続性が確立されると論じる。かつて特定のできごとを経験したときの人格と、現在においてそのできごとを思い出す人格は同一の人格であるに違いない。かくして記憶によって付与される連続性は、私たちの人格的同一性を説明する。

では、神経哲学者はアイデンティティに関していかなる主張をしているのか？　彼らはまず、脳の記憶システムには、短期記憶（ワーキングメモリ）、手続き記憶、エピソード記憶など、複数のタイプがあることを哲学者に思い出させる。短期記憶は、たとえば電話番号を一時的に記憶しておく場合に用いられる。これは「ワーキングメモリ」と呼ばれ、それには前頭前皮質などの特定の脳領域が関与する。また、動作や行動に関与する記憶もある。自転車に乗る、テニスをする、棒高跳びをするなどといった複雑な行動を学習する際、感覚運動システムは、先に行なった動作や運動を覚えておくために、ある種の記憶を必要とする。これは「手続き記憶」と呼ばれ、それには脳の前運動皮質や感覚運動皮質が関与する。

記憶システムとしてもう一つ、経験が蓄積される「エピソード（自伝的）記憶」があげられる。たとえば、私は昨日この章を読んだことを覚えている。お茶を飲み、携帯にひっきりなしに着信するメッセージを確認しながら読んでいたためか、哲学者たちの言う人格的同一性の意味がよく理解できなかったことをまざまざと思い出す。外では雪が激しく降り続き、気温はマイナス五度まで下がった。これは、カナダに住む私が今日思い出した、昨日の経験に関するエピソードである。台湾から今日帰国したばかりの私の友人も、昨日、本書のこの章を読んでいた。しかし、彼の記憶は私のものとはまったく異なる。彼は気温四〇度の浜辺で陽光を浴びて寝そべりながら、脇に置いた本書をときおり取り上げては少しずつ読んでいたのだ。私たちは今日の彼を、昨日気温四〇度の台湾の海岸で、灼熱の太陽を浴びていた彼と同一人格を持つ人と見なす。

神経哲学者は、これが「人格的同一性」という用語によって言及される意味であると言うだろう。エピソード記憶は人格的同一性の基盤をなすが、ワーキングメモリや手続き記憶は、（一連の動作が重要な意味を持つダンサーや運動選手には必須の記憶であったとしても）人格的同一性とはほぼ無関係である。エピソード記憶が失われれば、アイデンティティに対する感覚は保てないだろう。このように、エピドード記憶は人格的同一性の基盤なのだ。もっと具体的に言えば、人格の時間的連続性は、エピソード記憶と、それに関連する脳の神経系、すなわち内側側頭葉に位置する海馬と、皮質の正中線領域に位置する諸構造に媒介される。

記憶と変化

とはいえ、問題はそれほど単純ではない。神経哲学者を含め私たちの誰もが、記憶にだまされる場合があることを知っている。次の例を考えてみよう。あなたは、昨日スーパーマーケットで発生した強盗事件を鮮明に覚えている。昨日の朝、ヨーグルトを買いにスーパーに出かけたところ、黒い覆面をした三人の男が突然押し入ってきて、買い物客と従業員を全員正面の出入り口から外に追い出したのだ。次に彼らはドアを閉め、レジの現金を奪い、一〇分後に警官が到着するまでには裏口から逃走していた。あなたはそのときのショックと不安を思い出すことができ、そのときの状況を考えると今でも不安が高まってくる。強盗を経験したのはほんとうに自分だったのだろうか？　だが、実際に自分が経験しなかったできごとを思い出すことなど到底不可能ではないだろうか？

　翌日あなたは、新聞でこの強盗事件の記事を読む。「ほんとうにこれが同じ事件なのか？」と思う。記事には、三人ではなく五人の黒覆面の男が同時に押し入ったと書かれている。また彼らは、レジの現金ばかりでなくさまざまな商品を持ち去ったと、さらには裏口からではなく正面の出入り口から逃走し、その際一人の買い物客にぶつかって倒しそうになったとある。それを読んだあなたは、まさにそれが昨日自分の身に起こったことであるのを思い出す。つまり、犯人が逃走する際に押し倒しそうになった買い物客とは、まさにあなた自身のことだったのである。

　しかし新聞を読み続けると、すべてが怪しく感じられる。強盗事件は、あなたの記憶では午前に起こったはずだが、新聞には午後とある。ほんとうに同じ強盗事件なのか？　そのはずだ。記事にある事件は、あなたが昨日行ったスーパーマーケットで起こっているし、記述されている詳細の多くは、あなたの記憶と合致している。「私はほんとうに強盗事件に遭遇したのか？　それとも記憶が間違っているのか？　あるいは事件に遭遇したのは別の人格だったのか？」と、あなたは自問し始める。エピソード記憶は間違い得る。このシナリオは、記憶と自己の密接な関係を明らかにする。

記憶が時間的な連続性の感覚を付与するという説にとって、エピソード記憶によってだまされることがあるという事実は都合が悪い。言葉や身体や脳と同様、記憶は不連続であるように思われる。記憶は変化する。たとえば子どもの頃の記憶は、それを追体験する際の状況によって変化する。できごとが起こった直後は苦痛に満ちていた経験が、はるかのちになると人生最高のエピソードとして想起される場合すらある。記憶は、安静時脳活動と同様に柔軟で変わりやすい。詳細は不明だが、記憶が安静時脳活動にコード化されている点に間違いはない。安静時脳活動の空間／時間構造は、人生の重大事に影響を受ける。われわれの研究は、「安静状態における機能的結合性の程度やエントロピー（たとえば活動パターンの障害）は、ストレスがかかる重大事を子どもの頃にどれほど経験したかに密接に関係する」ことを示している（Duncan et al., in press）。子どもの頃に遭遇したストレスに満ちた重大事の件数が多ければ多いほど、情動を司る脳領域の扁桃体と、自己の感覚に関与する正中線領域のあいだの機能的結合性とエントロピーは、それだけ大きくなるのである。

これらの発見は、安静時脳活動に人生の重大事がコード化され、それに関する情報が蓄積されていることを示す。しかし安静状態の絶えざる変化は、コード化されているかつて経験した人生の重大事の記憶と、その想起に影響を及ぼす。そのために、人生の重大事に関する記憶でさえ、一〇〇パーセント無傷のまま残るわけではない。記憶は変動性とそれによって生じる絶えざる変化のために、人格的同一性を通時的に支えるメカニズムとして有力な候補にはならない。それを専門にする哲学者は、「記憶は推移的ではない」と言う。たとえば、A氏がB氏を記憶し、B氏がC氏を記憶していたとしても、A氏がC氏を記憶しているとは言えない。この推移性の欠如は、アイデンティティには当てはまらない。A氏とB氏が同一人物で、B氏とC氏が同一人物なら、A氏とC氏は同一人物である。要するに、アイデンティティは推移的だが、記憶はそうではないということだ。このように、記憶は人格的同一性を構成する基盤にはなり得ない。よって私たちは、その候補として通時的な変化ではなく連続性を可能にする他のメカニズムを探さなければならない。

身体と心

そのために、哲学者たちはアイデンティティの基盤として記憶以外の基準を探究してきた。それには、注意や意識などのその他の心理機能が含まれる。これらの機能が付与する心理的な連続性は、人格的同一性の基盤になるかもしれない。著名な哲学書『理由と人格』を著したイギリスの哲学者デレク・パーフィット（1984）によれば、人格的同一性は心理的な連続性に関係がある。

基本的に「アイデンティティは重要ではない。生存《サバイバル》のみが重要である。生存はアイデンティティとは異なる」と主張するパーフィットは、人格的同一性を重要視しない。それについて検討する前に、人格的同一性の他の基準について簡単に見ておこう。

身体も、人格的同一性の基準の候補になり得る。自分の身体はつねに存在し、身体が死ねば人格も失われる。人格とアイデンティティの通時的連続性は、身体とその物質的連続性にすぎないのか？　いや、そうではなかろう。何度も述べたように、私たちの身体は間断なく変化する。皮膚は老化し、内臓は機能不全に陥る。高齢になれば心臓は弱く遅くなり、呼吸は楽にできなくなる。それどころか若いときでも、身体はつねに変化している。このように、身体は連続性や同一性よりも、不連続性や変化をもたらす。したがって、身体とその見かけの物質的連続性は、自己が連続しているという感覚、つまり人格的同一性の基盤にはなり得ない。

もう一つの候補として脳があげられる。脳はつねに存在する。時が経過しても途切れなく存続し、神経レベルの連続性がともなう。脳神経の連続性は、一個の人格としての私の連続性、すなわち人格的同一性をもたらすのか？　そうであれば、私は脳であり、記憶や身体ではない。ほんとうに私たちは、脳以外の何ものでもないのだろうか？　一見すると脳は、性格を含めた人格の形成に中心的な役割を果たしているように思われる。だが、脳はほんとうに、人格的同一性の基盤をなすのか？

脳とは区別されるものとしての心の実在を想定する哲学者たちは（第4章参照）、間違いなくこの見方に反対するだろう。彼らによれば、人格的同一性は脳ではなく心によって付与されるのであって、脳は身体と同様、絶え間なく変化する。そのような絶えざる変化のゆえに、脳は人格的同一性の基盤たり得ない。脳や身体の代りに、時が経過しても変化しない連続的な何かが存在しなければならない。その条件を満たすのは心だけだ。だから人格的同一性は、(記憶のように)心理的でも、(身体のように)物質的でも、(脳のように)神経的でもなく、心的なものでなければならない。そう彼らは主張する。

この見方では、心の概念は無変化の、すなわち変化の欠如の代替物《プレースホルダー》である。つまりこういうことだ。変化する記憶や身体は、通時的な人格的同一性や自己の経験の基盤にはならない。私たちが住む世界には変化しないものなど存在しないので、どこか別の場所で何か別のものを見つけ出す必要がある。この「何か別のもの」が心であり、それは私たちが住まう世界を超えた「どこか別の場所」にその起源を持たなければならない。心は通時的な連続性を保ち、時が経過しても変化しないとされる。このような特性は、デカルトが記述した心的実体(*res cogitans*〈考えるもの〉)としての心にすでに認められ、彼は心を、アイデンティティとその通時的な連続性の基盤の完璧な候補に仕立て上げる。

統合失調症に関してはどうか? 統合失調症は、アイデンティティの混乱を示す。この混乱において、アイデンティティは非アイデンティティと化し、自己が別の自己として経験されるようになる。そこに通時的な自己の連続性は存在しない。統合失調症患者は、少なくとも主観的な経験において自らのアイデンティティを喪失し、それを新たなアイデンティティで置き換える。さらに注目すべきことに、かくして付与された新たなアイデンティティは強く文脈に依存する。たとえば、とりわけ強い宗教的背景のもとで育った欧米の患者は、往々にしてイエス・キリストのアイデンティティを装う。それに対し中国の患者は、二〇世紀における中国共産主義革命のリーダー、毛沢東のアイデンティティを取り込みやすい。

心がアイデンティティの基盤であるという仮定が正しいのなら、統合失調症は心の混乱と見なせるだろう。つまり心的な障害であることになる。というよりも、これまで長いあいだ実際にそう考えられてきた。しかし前章で見たように、統合失調症患者の脳には大きな変化が見られる。したがって統合失調症は心的障害ではなく、神経障害、すなわち脳、および脳と世界の関係の障害と見なせるかもしれない。こうしてみると、私たちは脳に焦点を置くべきであることがわかる。ならば、通時的な人格的同一性の源泉は脳なのか？

脳の時間的な不連続性——「私は私の脳なのか？」

記憶、身体、脳、心のうち、いったいどれが人格的同一性の基盤なのか？　私は私の脳なのか？　本節では、それについて検討しよう。トマス・ネーゲルは、脳を人格的同一性の必要十分条件と見なし、「私は私の脳である」と論じる。ネーゲル（1974）は、アイデンティティという用語を、決定的で非固定的だと見なす。それは、「イエス」か「ノー」かの二者択一的な決定に関わる点で決定的である。つまり、人格は通時的に同一か非同一かのいずれかであり、その中間ではあり得ない。また、それ自身の必要十分条件をともなわず、したがって「追加の事実」によって埋められる必要のある「空白の場所」を含むがゆえに非固定的である。彼は「アイデンティティ」という言葉を「金《きん》」という言葉にたとえる。金の化学式が決定される以前は、「金」という言葉は、それを表す化学式という「追加の事実」によってのちに埋められることになる「空白の場所」を含んでいたのである。

では人格的同一性に関して、「空白の場所」を埋める「追加の事実」とはいったい何だろうか？その答えはまだわかっていない。いずれにせよそれが何であれ、アイデンティティに必要なこの追加の事実は、「私」の主観的経験（すなわち一人称的視点）と、必要不可欠な客観的構造（すなわち身体）のあいだに横たわる間隙を埋めるものでなければならない。脳はまさに、主観的な経験と客観的な構造の間隙を最終的に橋渡しする可能性を持つがゆえに、「空白の場所」を埋める妥当な候補と見なすことができる。

一方では、脳は主観的な経験を可能にする不可欠な基盤としてとらえられねばならない。なぜなら脳が存在しなければ、私たちは一人称的な観点から心的状態を経験できないからだ。他方では、脳は身体の維持や調節に必要な精神生理学的プロセスを備えた組織として理解されねばならない。肝臓や腎臓などの他の組織とは異なり、脳がダメージを受けると、人格的同一性に変化をきたす場合が多い。前章で見たように、これは、自己を他者として経験することのある統合失調症患者にも当てはまる。この事実からも、脳は人格的同一性の基盤と見なされなければならない。だが、なぜそんなことが可能なのか？　安静時脳活動は絶え間なく変化する。安静状態には、確かに空間／時間構造が存在するらしい。そしてこの構造は、静的ではなく絶えず変化する。脳の領域やネットワークは、きわめて動的《ダイナミック》なのだ。

脳磁図（ＭＥＧ）を用いて時間的な変化を調査したデパスケールら（2012）の研究によれば、脳のさまざまな領域やネットワークのあいだの機能的結合性には、絶えざる変化が見られる。興味深いことに、自己に関連する処理に強く関与する正中線領域は、他の領域との結合において、最大の変化とダイナミクスを示す。群集のへりではなく中心に立つ人を考えてみれば、このことはよく理解できるはずだ。そのような人は、中心部から周囲に向かって、もっとも容易に人々とコミュニケーションを図ることができる。同様に、脳の中心部に位置する正中線領域は、中心をはずれた他の脳領域に比べ、より多くの脳の領域やネットワークに結合しやすい位置を占めている。

では正中線領域は、通時的な連続性や人格的同一性を可能にする場所なのか？　正中線領域における高レベルの活動、接続性、そして絶えざる変化、変動性は、その考えを否定する。正中線領域は、通時的な連続性ではなく不連続性によって、また、同一性ではなく変化によって特徴づけられる。しかし正中線領域には、「変化の連続性」という連続性が存在する。活動レベルにおいても、他の脳領域との結合においても、絶えざる変化や変動性が見られるのだ。この変化や変動性は、第3章で見たように、とりわけ自己に関連する処理に関与するよう正中線領域を方向づけているのだろう。かくして自己の感覚や、時が経過しても変わらない同一の自己という経験は、詳細は未解明ながら、正中線領域における高レベルの変化や変動性が媒介していると考えられる。

人格と自己の通時的な連続性は、安静時脳活動の不連続性に媒介されているのだろうか？　これは逆説的に聞こえる。脳の不連続性から、いかにして人格の連続性が生じるのか？　論理的一貫性を重視し論理矛盾や逆説《パラドックス》を恐れる哲学者は、脳一般が、より具体的に言うと正中線領域が、通時的な連続性と人格的同一性の形成の場であるとは認めないだろう。ならば彼らにとっては、「私は私の脳である」という言明は、「私は私の脳ではない」によって置き換えられねばならない。

脳の通時的な不連続性は人格の連続性の基盤なのか？

どうすれば、不連続性が連続性や同一性を媒介するというパラドックスから逃れられるのか？　一つはアイデンティティを否定し、問題そのものをなかったことにすることだ。デレク・パーフィットは、「アイデンティティなど、どこにも存在しない」と言う。彼は「追加の事実」を探す代わりに、人格的同一性の概念そのものを否定し、生存の概念で置き換える。パーフィット(1971, 1984)によれば、重要なのは、「『人格的同一性』ではなく、人格の『生存』なのだ」。アイデンティティとは異なり、生存は人格に対して一対一の、あるいは全か無かの関係を持つことを意味するわけではない。たとえば分離脳のケースでは、人格の「生存」が可能なように心理的連続性が保たれ得る。分離脳のように二つの大脳半球が個別に機能している場合でも、本人は心理的連続性の感覚を保ち、そしてまさにそれこそが重要なのである（それに対しアイデンティティは重要ではない）。

パーフィットは続ける。しかしこの分離脳のケースでは、人格は、一対一の関係という数的な意味において（ある人格が別の人格に対応するという意味において）同一であるとは見なし得ない。人格は一つでも、大脳半球は二つであり、一対二の、すなわち数量的な大小の関係をともなう。この場合、人格にとって重要なのは、数的な意味でのアイデンティティでも、そしてそれゆえ人格的同一性でもなく生存である。人格的同一性とは異なり、生存は追加的な事実の想定を必要としない。その代わりに、「心理的連結性」「心理的連続性」として特徴づける「R関係」によって定義し得る（1984, p. 206）。「心理的連結性」とは、たとえばジョン・ロックが述べるような、記憶間の結合など、直接的な心理的結合を指す。それに対して「心理的連続性」は、「直接的な連結性の重なり合う連鎖」として定義される。たとえ直接的な連結が存在しなくても（つまり、記憶喪失のケースのように、心理的連結性が存在しなくても）、心理的連続性は保たれ得る。それゆえ心理的連続性は、人格の生存にとって重要なのである。適切な心理的連続性が通時的に保たれる限り、人格は生存する。これが、パーフィットの見解のあらましである。

パーフィットはさらに、非固定的な用語として「アイデンティティ」をとらえるネーゲル(1974)の見方に異議を唱える。「アイデンティティ」という語を「生存」という語で置き換えるのなら、「生存」をいかに特徴づけるかという問いが生じるが、パーフィットは次のように考える。人格は他の何かを参照しなくても生存することができる。したがって「生存」という用語は、ネーゲルが示唆するように、「空白の場所」や、それを埋める「追加の事実」によっては特徴づけられない。パーフィット(1984)は、たとえとして国家をあげる。「国家(nations)」は、何らかの単独の実体も、あるいはその他のいかなる物体、性質、実体(政府や領土など)も参照しないにもかかわらず「生存」する。それと同様、「生存」という用語はもっぱらそれ自身を参照する。かくしてパーフィットはネーゲルとは対照的に、「追加的な事実」の想定など不要であると主張する(1984, pp. 471–472)。彼によれば、「空白の場所」は存在せず、生存は心理的連続性(脳によって形成されるのかもしれないし、そうではないかもしれない)に依拠するのだから、純粋な生存に脳は不要である。だが私たちは、脳なくして一個の人格として生存し得るのだろうか?

脳を欠く生存という考えは直感に反する。私たちは、脳なくしては生存することができない。今日では、脳死をもってその人の死とされている。具体的に言うと、脳波検査(EEG)によって脳にいかなる電気的活動も検出されず、いかなる活動の痕跡も変化も認められなければ、脳は死んでいると見なされる。脳は死んでからようやく、通時的な連続性という基準を満たす。死んでしまえば何も変化せず、一〇〇パーセントの連続性をもって同一の状態が保たれるからだ。要するに、死んだ脳はつねにそれ自身と同一である。しかし、そのような通時的連続性に基づく同一性の維持には、非常に大きな代償が支払われねばならない。脳は死に、もはやいかなる機能も果たしていないのだから。さらに悪いことに、それに結びついていた人格も死ぬ。自己は存在をやめ、そのため連続的ではなく不連続なものと化す。

ここで、もう一つのパラドックスが逆の意味で生じる。生きた脳の場合、その機能の不連続性には自己と人格の連続性がともなう。脳の通時的不連続性は、人格の通時的連続性をもたらすのである。死んだ脳の場合、事態は逆転する。脳は通時的連続性を保ち、それとは裏腹に自己や人格の通時的連続性は失われる。こうして不連続の状態に陥った自己や人格は、やがて死に至るのだ。

どうすれば、このパラドックスを解くことができるのだろうか？　脳とその安静時活動が、通時的不連続性によって特徴づけられるという事実は、自己と人格の通時的連続性の確立に強く関係すると考えられる。だが、なぜか？　統合失調症患者は、正中線領域における通時的連続性に関する性質（つまりその変化と変動性）が異常な変化を被り、それによって自己と人格の通時的不連続性、すなわちアイデンティティの変化に至ることはすでに見た。それゆえ脳の通時的不連続性は、何らかのメカニズムを通じて自己と人格の通時的連続性に関与していると考えられる。どうしてそのようなことが起こり得るのか？　それに答えるには、脳をさらに深く探究し、いかに安静時脳活動が、自己と人格の通時的連続性と関わるようなあり方で、時間を構築しているのかを調査しなければならない。

時間と自己の連続性

私は私の脳なのか？　ネーゲルとパーフィットのどちらが正しいのか？　脳はネーゲルが探し求めている「追加の事実」なのか、それともパーフィットの主張するように脳は無関係なのか？　二人の説のどちらが真実に近いのかを、どうやって決められるのか？　より概念的、論理的に一貫しているほうが真実に近いと論じることも可能だろう。哲学者は通常、その方針をとる。それゆえ、どちらの見方が、人格的同一性の概念と論理的により整合するかがさかんに論じられてきた。この方針に従えば、「私たちは私たちの脳なのか？」という問いへの答えは、純粋に論理的なものとなる。

私たちが真に求めているのは、哲学者が追求する論理の一貫性ばかりでなく、私たちが住まう現実世界に適用できる基準である。論理的でありつつ現実世界に基盤を置く答えを得るには、純粋に論理的な哲学の領域から、科学、とりわけ神経科学の実証的な領域へと乗り出し、神経科学の発見がいかに哲学的な概念と関連するのかを見極める必要がある。まさにこれこそが、神経哲学の目標なのだ。

人格的同一性の概念を神経科学の実証的な発見に結びつけるには、まずそれを操作可能なものにしなければならない。つまり、人格的同一性の概念を実証的に取り扱えるものにしなければならない。いかにしてか？　一つの方法は、人格的同一性を時間という観点でとらえ、自己の連続性（人格的同一性）と関連のある時間を定量化することである。アメリカの科学者エルスナー＝ハーシュフィールドらによる脳画像を用いた最近の一連の行動研究は、時間的な要素を考慮しつつ、自己連続性と報酬の関係を調査している（Ersner-Hershfield, Wimmer, & Knutson, 2009）。彼らはこれらの研究で、哲学的な通時的アイデンティティの概念を、神経科学的な概念に変換している。「通時的アイデンティティ」とは、自己や人格に関する時間的な連続性の感覚であることを思い出そう。「自己連続性」という言い方がもっとも妥当であろう。では、自己の通時的な連続や不連続をいかにして知ることができるのか？　一つの実証的な基準としてあげられるのは、その人が、現在においても未来においても同じように自己を知覚するか否か、そして同じように行動するか否かである。このように、現在と未来における知覚や行動の類似性は、自己連続性を操作可能なものにする実証的な基準となる。

このように人格的同一性を操作可能にすれば、報酬という文脈のもとで通時的な検証を行なうことができる。たとえば、実験者は特定の課題を、正解すれば手にできる金銭などの報酬に結びつけ、報酬を与えるタイミングをさまざまな間隔で遅らせる。報酬の授与が遅くなればなるほど、被験者は通常、それだけ報酬を受け取ることに対する関心が薄れ、その結果、報酬の価値を低く見積るようになる。そのため、この実験方法は時間割引（ＴＤ）と呼ばれる。

エルスナー＝ハーシュフィールド、ウィマーらは（2009）、自己に対する知覚をその種の時間割引に結びつけた。そして、自己連続性とTDを相互に関連づけることで、負の相関を見出した。つまりTDにおける報酬への関心の減退が大きくなればなるほど（すなわち報酬を与えるタイミングが遅くなるほど）、自己連続性が知覚される度合いはそれだけ低くなったのだ。この発見は、自己連続性と、未来への自己の時間的投影の関係を示す実証的な証拠となる。つまり、時間と自己連続性は密接に関係し合っているらしい。

この結果から、自己連続性と時間の関係について何がわかるのか？　自己の連続性、およびアイデンティティの強さは、時間に関する問題であり、時間間隔が長くなればなるほど、通時的な自己の連続性は減退する。時間は、不連続性との関係において連続性を構築する。つまり、通時的な連続性は不連続性とのバランスのもとで成立し、連続性が増大すれば不連続性が減退し、不連続性が増大すれば連続性が減退する。時間間隔が長ければ長いほど、バランスは不連続性に向かって傾く。二〇年が経過すれば、私は自己を現在と同一の人格として経験すると同時に、かなり変わったと感じるだろう。だが明日くらいでは、二〇年後に比べて経験する連続性の度合いははるかに高く、不連続性はほとんど感じられない。このように、自己や人格の連続性から不連続性へと徐々に変化するスペクトルに沿って、相互バランスが見られる。

連続性と不連続性のスペクトルは時間に応じて変化する。つまり、時間によって両者のバランスが決まる。スペクトルの両端に達すると、私たちは死ぬか、統合失調症を発症する。脳の連続性が一〇〇パーセントに達すると、脳は死に人格も死ぬ。その反対に不連続性が一〇〇パーセントに達すると、脳は世界から切り離され、自閉症患者のようにアイデンティティが変化し、異なる自己を経験し始める。

時間は神経レベルの脳の不連続性を自己の心理的連続性に変える

自己の連続性と時間の関係は、脳によって構築され媒介されるのか？　そうであれば、脳は自己の連続性と時間の結びつきを媒介することで、人格的同一性の維持に中心的な役割を果たしていると言える。エルスナー＝ハーシュフィールドらは、ただ被験者の行動を観察するだけではなく、ｆＭＲＩを用いて、自己の連続性とＴＤの関係を探究し、その神経メカニズムの解明を試みている（Ersner–Hershfield, Garton et al., 2009; Ersner–Hershfield, Wimmer et al., 2009）。被験者は、自分自身に関係する言葉を提示された。注目すべき点は、これらの言葉が現在と未来の自己に関連し、未来への自己投射を含む通時的な自己の感覚を動員するものであったことだ。

どの脳領域が、自己連続性とＴＤの相互作用を可能にしているのか？　彼らは、前帯状皮質脳梁膝周囲部（ＰＡＣＣ）が、自己連続性とＴＤの相互作用の仲介に重要な役割を果たす脳領域であることを発見した。したがって、過去から現在を経て未来に至る時間的連続性のなかで自己を位置づけ、それとともに価値や報酬に自己を結びつけるうえで、ＰＡＣＣは中心的な役割を担っていると考えられる。これから見るように、さらに興味深いのは、まさにこの脳領域PACCが自己の核心的な構成要素《コンポーネント》の一つとして、安静時脳活動と密接に関係しながら、自己関係性の媒介に重要な役割を果たしていることである。

この研究は、人格的同一性と脳に関して何を教えてくれるのか？　人格的同一性とは、自己と時間を結びつけ、それを通して、一個の人格としてのアイデンティティを決定する通時的な自己連続性をもたらすものである。この結びつきが脳によって実現され媒介されているのなら、人格的同一性の中心には脳が存在すると言わなければならない。したがって、自己と時間の結合の基盤をなす脳とその神経メカニズムは、ネーゲルが探し求めている「追加の事実」と見なせる。金《きん》の化学式と同様、哲学者が人格的同一性と呼ぶものの基盤は、自己と時間を結びつける脳と、現時点では未解明の神経メカニズムによって構成されるのかもしれない。

これまでに知られている実証的な成果をさらに詳しく検討してみよう。脳の正中線領域は、高レベルの変動性と変化を示し、それゆえ「神経的不連続性」によって特徴づけられる。この神経的不連続性は、自己と、哲学者が人格的同一性と呼ぶものの心理的連続性の構築に重要な役割を果たしていると考えられる。つまり神経的不連続性は、心理的連続性に必要不可欠なのである。この関連は、逆のケース、すなわち統合失調症の典型的な症状によっても裏づけられる。脳の神経的不連続性が維持されなくなると、人格の心理的連続性が崩壊する。要するに、アンドリューの例に見たように、神経的連続性は心理的不連続性をもたらすのだ。

とはいえ、ここは慎重にならなければならない。先ほど見たように、心理的連続性は一〇〇パーセント完全に達成されるわけではなく、時間に応じて変動する連続性と不連続性のバランスを反映する。脳の神経的不連続性が心理的連続性を媒介すると仮定するなら、脳がいかに時間を構築しているのかを解明しなければならない。それがわかれば、脳の神経的不連続性を基盤に構築される時間によって、脳の神経活動から心理的連続性への変換が媒介されるという、脳、時間、連続性三者間の関係が明らかになるだろう。とはいえ、脳による時間の構築について検討する前に、哲学者によって提起されているもう一つの異議に答えておきたい。

統合失調症と胎児組織移植の比較

ものごとはそれほど単純ではない。自己連続性とＴＤの相関関係は相関関係にすぎない。それは、脳がほんとうに自己連続性と時間の結びつきや人格的同一性をもたらすのか否かに関しては何も教えてくれない。その解明には、脳の変化が、自己連続性、そして人格的同一性における変化を引き起こすか否かを調査する必要がある。

統合失調症患者は、これに関して一つの有益な情報を提供してくれる。前章でみたように、彼らはしばしば、有名人のアイデンティティを装うことで、自らの自己を他者の自己として経験する。私はこれまで精神科医として働いてきたなかで、自分がイエス・キリストであると主張する多くの患者に出会ってきた。ある患者はあごひげを伸ばし、白いシャツ（ケープ？）を着ていた。この患者に何回か面談をしようとしたことがあるが、あるとき彼は、長い沈黙のあとで突然立ち上がり、「私に向かってその口の利き方は何だ！　私はイエスだ！　面談など必要ない！」と言い放った。

その種のアイデンティティの混乱を示す統合失調症患者の脳には、変化が生じているのだろうか？　前述のとおり、彼らの脳の機能には、実際に大きな変化が認められ、それには、自己と時間を結びつけていると考えられる脳領域、ＰＡＣＣの機能が含まれる。このように統合失調症の事例からは、脳と人格的同一性の密接な結びつきを裏づける新たな証拠が得られる。

さらに、（電極を脳に挿入する）深部脳刺激や、（胎児の組織を脳に移植する）胎児組織移植を受けた患者も事例としてあげられる。これらの治療では、電極、もしくは胎児の細胞が、無動症（歩けなくなる）、固縮〔身体の筋肉が持続的に強くこわばること〕、振戦〔震え〕などの運動障害を発症したパーキンソン病患者の脳の皮質下領域に埋め込まれる。脳の機能と人格的同一性の関係を調査するために、私はこれらの治療を受けたパーキンソン病患者に、自己の感覚や自己連続性、つまり人格的同一性について尋ねた（Northoff, 2001, 2004）。その結果、次のことがわかった。主観的な観点（すなわち患者本人の経験）から見ても、（配偶者の）客観的視点から見ても、疾患そのものも、治療も、いかなる人格的同一性の変化にも関係していなかった。電極による刺激によっても胎児の組織によっても、彼らはアイデンティティの変化を経験していなかったのだ。電極は、「脳を正常に働かせる装置」と、また胎児の細胞は、脳内のドーパミンの欠乏を補う「自然な生理機能の代替物」と見なされていた。「私の電極」について語ってくれたある患者は、電極の働きが心理的要因の影響を受けると信じ、「情動や心の力によって電極に影響を与えられる」と考えていた。また移植後に「スウェーデン語を話せるようになるか?」と訊いてきた患者もいる(この患者は、スウェーデンでスウェーデンの胎児の組織を用いた胎児組織移植手術を受けていた)。

これらのデータは、脳と人格的同一性の結びつきについて何を語っているのか? 電極や胎児の細胞が脳に埋め込まれても、患者は人格的同一性の変化を経験していない。ならば、人格的同一性の維持に脳は必要ではないということなのか? 必要がなければ、ネーゲルではなくパーフィットが正しいことになる。電極や胎児の細胞が埋め込まれても人格的同一性が維持されるのなら、脳はそれに必須の役割を果たしているとは言えないからだ。

しかし、人格的同一性の維持に脳が中心的な役割を果たしていると考える神経哲学の支持者は、「ことはそれほど単純ではない」として異議を唱えるだろう。統合失調症患者の事例は、時間と自己の結びつきを媒介するPACCの機能が変化すると、人格的同一性に変化が起こり得ることを示す。それに対し、皮質下領域への電極や胎児の組織の埋め込みは、人格的同一性に影響を及ぼさない。おそらく、PACCへの電極や胎児の組織の埋め込みが、人格的同一性にいかなる影響を及ぼすのかを調査する必要があるだろう。たとえば、神経科医のヘレン・メイバーグは、P

ACCに密接に関連する領域に電極を埋め込んで脳深部刺激を与えることで、重度の抑うつを治療する方法を開拓している（Mayberg et al., 2005）。

この問題を解くカギは、「統合失調症と胎児組織移植の違いは何か？」を問うことだ。なぜ一方は人格的同一性やその連続性を阻害し、他方はしないのか？　直感的には、逆のように思われる。胎児組織移植の場合には、「(胎児という) 他者」から採取された、遺伝子を含む異質の組織が脳に移植される。細胞や脳が人格的同一性の場所なら、胎児の組織を移植された患者のアイデンティティは変わってしかるべきだろう。だが、そうはならない。なぜだろうか？

それに対し、統合失調症患者は人格的同一性の変化を経験する。なぜか？　脳に異質の組織が移植されたわけではないのに、彼らは自己の感覚の不連続性を経験し、やがて彼らのアイデンティティは変化する。どうしてそのようなことが起こるのか？　その答えは現時点ではわからないが、時間が中心的な役割を担っているというのが私の考えだ。統合失調症患者の安静時脳活動は、時間や、その連続性と不連続性のスペクトルを適切に構築することができない。この欠陥により、連続性と不連続性のスペクトルにおけるバランスはその一方の極、すなわち一〇〇パーセントの不連続性へと傾く。それが心理的不連続性を生み、やがて自己の喪失やアイデンティティの変化が引き起こされるのだ。

脳は、いかに時間を構築しているのか？　たとえばベルギーの研究者アントワン・ダルジャンボーらの研究によって、正中線領域が時間の感覚の構築に中心的な役割を果たしていることが示されている（D'Argembeau et al., 2005; D'Argembeau, Feyers, et al., 2008; D'Argembeau et al., 2010a, 2010b; D'Argembeau, Xue, Lu, Van der Linden, & Bechara, 2008）。彼は被験者に、未来および過去における、自分に関係することがらと関係しないことがらを思い浮かべるよう求めた。その結果、未来のことがらか過去のことがらかを問わず、前頭前皮質腹内側部、前頭前皮質背内側部、ＰＡＣＣ、後帯状皮質などの、皮質の正中線領域の活動に大きな変化が見られた。

こうした研究から、正中線領域と、その変化や変動性の度合いの高さが、時間構築において中心的な役割を果たしていることがわかる。この結果をもとに、ダン・ロイド（2009）は、「正中線領域は、『動的な時間ネットワーク』と見なし得る」という仮説を提起している。しかし、いかにして過去や未来へと伸びていく時間が、この領域における絶えざる変化を通じて構築されるのか？　正中線領域とその変化の変動性は、広範な周波数帯域から成るスペクトルを示す。つまり、さまざまな周波数帯域が、さまざまな時間尺度《タイムスケール》に対応し作用するのである。ｆＭＲＩによる測定によれば、長い時間尺度には〇・〇〇一〜〇・一ヘルツの極端に遅い周波数帯域が、またＥＥＧやＭＥＧを用いた測定によれば、短い時間尺度には一〜一八〇ヘルツの周波数帯域が対応する。

安静時脳活動の変化における時間尺度の多様性は、時間の構築に関して何を教えてくれるのか？　何よりもまず、安静時脳活動にはさまざまな時間尺度が含まれていることがわかる。それでは、異なる周波数帯域同士と、そのおのおのに対応する時間尺度同士は、いかに関係しているのだろうか？　互いに無関係で並行して作用しているのなら、その状態は「時間的並行性《パラレリズム》」と呼べるだろう。その場合、神経的不連続性のみ存在し、連続性はまったく存在しない。

それに対し、周波数帯域同士、時間尺度同士が相互に関係しているのなら、つまり互いに結びつき統合されているのなら、「周波数間カップリング」と呼ばれる現象としてそれを測定することができる。「周波数間カップリング」は、ある周波数帯域の変化が、他の周波数帯域の変化に時間的にいかに関係しているのかを示す。たとえば、ある周波数帯域における周期の下降は、つねに別の周波数帯域で周期が上昇するときに生じる。周波数間カップリングは、異なる周波数帯域間の相互の結びつきと、さらにはそれに対応する時間尺度間の相互の結びつきを確立する。短い変化の時間尺度と高レベルの神経的不連続性が、長い時間尺度と低レベルの神経的不連続性（すなわち高レベルの神経的連続性）に関係し、のみならずその内部に埋め込まれることすらある。そしてそれを通じて、神経的不連続性と連続性のバランスがとれた時間的構造が確立されるのである。

では、脳の神経的不連続性と連続性のバランスは、いかに心理的連続性をもたらすのか？　現在のところ、その答えはわからない。わかっているのは、統合失調症患者の安静時脳活動が、異常に高レベルの神経的不連続性を示すことである。統合失調症では、さまざまな周波数帯域における変化がもはや相互に関係づけられなくなり、周波数間カップリングが低下する。健康な脳の複雑な時間的構造が、単純な時間的パラレリズムで置き換えられてしまうのだ（このプロセスの詳細はNorthoff, 2014c, 2015bを参照されたい）。

安静時脳活動の時間的パラレリズムは、統合失調症における心理的連続性の喪失や、それに続くアイデンティティの変化を説明するのか？　その答えも、現時点ではよくわからない。統合失調症における「世界－脳」関係の崩壊に鑑みれば（第6章参照）、脳における時間の構築が、世界における時間の構築から切り離されていると考えられる。どうやら、さまざまな周波数帯域と、世界に対応する時間尺度における脳活動の絶えざる変化は、世界内で照応し類似の周波数帯域や時間尺度を示す「兄弟現象」と切り離されているようだ。かくして統合失調症では、「世界－脳」関係の時間的基盤が、崩壊をきたしているのだと考えられる。

脳時間と世界時間のあいだの連続性

このように考えると、私たちは、脳における時間（脳を基盤とする時間〔以下「脳時間」と訳す〕）と世界における時間（世界を基盤とする時間〔以下「世界時間」と訳す〕）の関係という、さらに深い哲学的な問題へと導かれる。脳とその安静状態がいかに時間を構築するのかに関しては、わずかな知見しか得られていない（Northoff, 2014c, 2015cを参照されたい）。前述のとおり、さまざまな周波数帯域における変動性と、それらに対応する時間尺度は非常に重要である。安静状態のもとでの脳時間の構築が世界時間といかに結びついているのかについては、それ以上によくわかっていない。健康な脳は、世界時間と結びつくことで、それに一致するよう脳時間を構築しているように思われる。脳時間は、何らかの方法で世界時間と調和しており、要するに（多かれ少なかれ）脳時間は世界時間なのである。

統合失調症においては、世界時間と脳時間のこの密接な関係が断たれ、両者が切り離されているように思われる。そのため統合失調症患者は、環境における時間から隔絶され、彼らの「世界－脳」関係は、時間的に断片化し崩壊している。

どうすれば、「世界－脳」関係の時間的な断絶という主張を裏づけられるのか？ 統合失調症患者に、周囲のできごととの関係でいかに時間を経験しているのかを尋ねることならできる。たとえば、フックス（2007）の論文に引用されている、ある患者の次のような記述に注目しよう。「すばやく動くと非常に堪《こた》えます。私の心にとって、ものごとの流れはあまりにも速すぎるのです。ものごとがぼやけてよく見えなくなったように感じられます。ある瞬間にある絵を見て、次の瞬間には別の絵を見ているかのような感じです」（p. 233）。この患者が言いたいのは、心的コンテンツ（たとえば一枚の絵に対応する複数の心的コンテンツ）が時間的に相互に結びついていないということであり、この患者にとっては、絵などの心的コンテンツに結びついた、時間内や空間内の個々の点のあいだに、いかなる時間的な推移も存在しないのである。そして時間的推移の代わりに時間的断絶が出現し、そのためにもろもろの心的コンテンツを結びつけ統合するプロセスに遅れが生じる。たとえて言えば、この患者は、糸に通されていないバラバラな真珠のようなものとして絵を経験している。つまり、糸（安静状態の空間／時間的な連続性）それ自体が切れているために、個々の真珠（多様な心的コンテンツ）を意識のもとで一つにまとめて秩序づけ、構造化することができないでいるのだ。

　また、別の患者は次のように述べる。

> おのおのの場面が次の場面へとジャンプしていきます。そこには何の一貫性もありません。時間の進み方がおかしく、バラバラで、流れていかないのです。無数の独立した今、今、今が立ち現れるだけなのです。規則や秩序は存在せず、狂気の沙汰に思えます。自己に関しても同じことが言えます。一瞬一瞬、さまざまな「自己」がランダムに出現しては消えていくのです。現在の自我《エゴ》と過去の自我のあいだには何の結びつきもありません。（Fuchs, 2013, p. 84）

　この言葉は、時間的にもはや統合化されていない、さまざまな心的コンテンツ同士の断絶をうまく言い表している。生きられた経験としての心的コンテンツは、互いに無関係な時間の切片と化す。私の考えでは、時間的連続性の喪失は、周波数間カップリングの減少をともなう、安静時脳活動の時間的連続性の欠如に関係する。安静時脳活動における時間構造が欠如すると、多様な刺激と、それらに対応する心的コンテンツを時間的に統合して、時間的結びつきや連続性の感覚を形成することが不可能になる。そのために、多様な心的コンテンツを経験する際に時間的な断絶や断片化が引き起こされ、するとそれらが、時間的な結びつきを欠いたまま、さまざまな「瞬間的な今」として経験されるのである。このことは、統合失調症患者の次のような言葉にも見て取れる。「時間はバラバラになり、流れていきません。無数の個別の今が生じ、規則も秩序もなく乱舞するのです」(Martin, Giersch, Huron, & van Wassenhove, 2013, p. 361)。

コーダ――存在、時間、そして脳

これらの事例は、世界内、そして人間の脳内でいかに時間が知覚されるのかについて何を教えてくれるのか？　健康な脳は、脳時間と世界時間のあいだに、ある程度の時間的連続性を構築する能力を持つ。前者が後者に、それ自身を合わせるのだ。この調整によって、個人と周囲の世界の時間的連続性が確立される。それに対し統合失調症患者では、そのような調整が機能していならしい。前節の引用が示すように、彼らは主観的な時間経験において疎外を感じ世界時間から切り離されている。

自己の感覚の通時的な連続性の喪失は、深い哲学的な（あるいは実存的な、と言ったほうがよいだろう）意味を持つアイデンティティの変化に至る。脳とその安静時活動は、現在のところ未解明の何らかのメカニズムによって世界時間に私たちを結びつける。その結果生じる、脳時間と世界時間のあいだの連続性は、人間存在にとって必須の要件であるように思われる。それによって私たちは、自らの存在を世界内に定位することが可能になり、時が経過しても同一性を保つものとして、また世界の一部として、自己を経験することが可能になるのである。世界内における私たちの存在は、脳にその基盤を置く。なぜなら、安静時脳活動によって、脳時間と世界時間の連続性が構築されるからだ。

より正確に言えば、私たちの存在は、時間と同程度に強く脳に基盤を置く。つまり、脳時間の構築と、それと世界時間との整合性、連続性に依拠するという意味で、人間存在は脳に基盤を置くのだ。このことは、「人間存在は時間に基づく」「私たちは時間である」、さらに重要な言葉として「私たち（存在）は時間内にある」と二〇世紀前半に述べたマルティン・ハイデッガーの考えを思い起こさせる。

今や私たちは、そのような時間内存在が、なぜ、そしていかにして可能なのかを理解できる。安静時脳活動を基盤とすることで、そのような存在が可能なのである。さらに重要なことに、安静状態は、世界や世界時間との高い整合性を持つ脳時間の継続的な構築を可能にする。かくして私たちは、世界と世界時間の一部として自分自身を経験するのだ。脳および脳時間と、世界およ

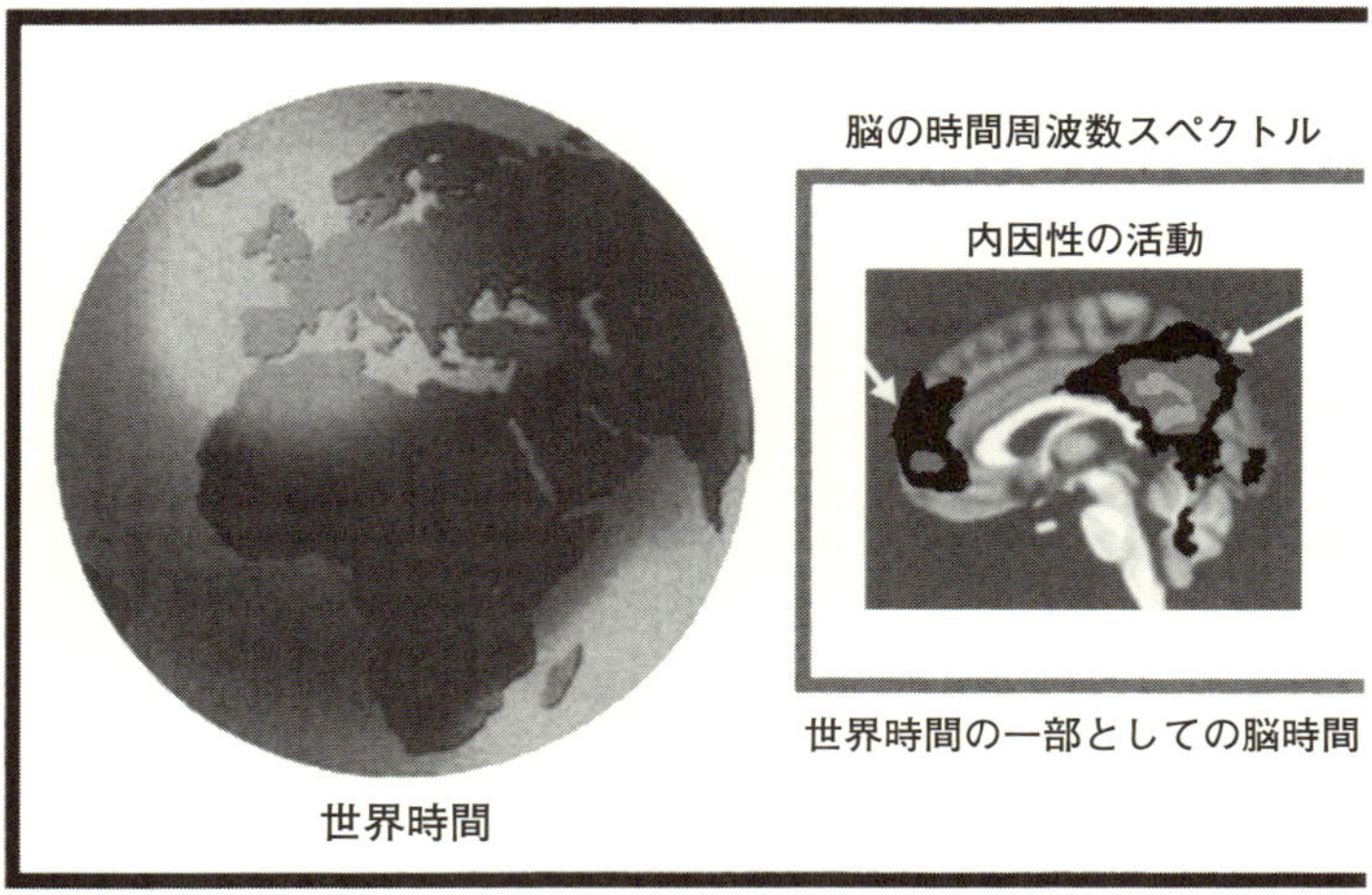

図7.1

び世界時間の整合性によって、「時間内にあること」が可能になる。脳のおかげで私たちは、世界時間の内部にあって、自己と人格的同一性の時間的な連続性を経験することができる。そして私たちは、世界時間の内部に置かれているがゆえに、まさにその世界内で存在することができるのだ。世界時間と、その内部に住まう人間存在を超えたところには何もない。時間も、存在も。

訳者あとがき

『脳はいかに意識をつくるのか――脳の異常から心の謎に迫る』は、Neuro-Philosophy and the Healthy Mind: Learning from the Unwell Brain (W.W. Norton & Company, 2016) の全訳である。原題からわかるように、本書は、うつ病、統合失調症などの精神疾患を抱える患者の臨床的な症例、ならびに機能的磁気共鳴画像法（ｆＭＲＩ）などの最新の脳画像技術を駆使することで得られた実証的な成果をもとに、精神病患者のみならず健常者の意識がいかに構築されるのかを探究する。まず著者のゲオルク・ノルトフ氏について簡単に紹介しておこう。ノルトフ氏はカナダのオタワ大学に所属する神経科学者、哲学者、精神科医で、このような専門分野の広さからもうかがえるように学際的な視野を持つ研究者だと言える。本人の言によれば出身はドイツで、一〇年前にカナダに渡ったのだそうである。なお、論文、雑誌記事等に掲載された業績に関しては、氏自身のホームページ（http://www.georgnorthoff.com/）に公開されているので参照されたい。

簡潔に言えば、本書は「意識とは何か」を探究する哲学と、脳神経科学における最新の成果の統合を試みるきわめて野心的な書である。出身がドイツであることからも予想されるように、ノルトフ氏は米英の脳科学者や意識の研究者の多くとは異なり、三人称的、客観的、実証的な視点のみならず、一人称的、主観的、現象学的な視点を非常に重視している。それについて、氏との私信を通して得られた情報も交えて、ここでやや詳しく述べておこう。本書には、ハイデッガー、メルロー＝ポンティ、ヤスパースらの現象学や実存主義を標榜する二〇世紀前半に活躍した独仏の著名な哲学者への言及が散見されるが、著者の哲学的素養の基盤には、これらの哲学者の他に、いわゆる現象学的精神病理学者の業績も含まれる。実のところ、訳者自身もかつて現象学的精神病理学には強い関心を持っていたことがあり、メダルト・ボス、ルードヴィヒ・ビンスワンガー、ウジェーヌ・ミンコフスキー、ヴォルフガング・ブランケンブルク、フーベルトゥス・テレンバッハ、木村敏らの諸著作を、みすず書房から刊行されている邦訳で読んで感銘を受けたことを覚えている。本人の言によれば、ノルトフ氏は、上記の著者すべてに関してその業績をよく知っているそうで、それどころか、まさに彼らの業績が著者の現在の研究の一つの基盤をなしているのだそうである。

ここで一人称的、主観的、現象学的な視点から意識という現象をとらえるとはどのような意味かを簡単に説明しておこう。それにあたり、訳者が個人的に大きな影響を受けたブランケンブルクの主著『自明性の喪失――分裂病の現象学』（みすず書房）の主題でもある「自明性」を例にとろう。精神疾患を抱えていない健常者は、世界が次の瞬間も持続することが自明であるような世界を自ら主観的に構築しながら生きている。ところが、統合失調症患者などの精神病患者のなかには、世界が次の瞬間も持続することが自明ではない世界に生きている人もいる。ここで留意すべきは、そのような世界で生きることと、たとえば「わがマンションが立つ埼玉に、今夜ミニブラックホールが突如出現して埼玉がまるごと消滅する可能性はゼロではない」などといった、健常者が行なう論理的推論とはまったく別物だという点である。統合失調患者は、次の瞬間には世界が消滅し得るような世界に実際に生きているのであって、論理的推論を行なっているのではない。現象学的精神病理学という分野は、自己の経験する世界がいかに構築され開示されるのか、そしてその構築を可能にするメカニズムの何がどのように崩壊すると精神疾患をきたすのかを一人称的な観点からとらえようとする学問であり、カントから現象学に至る長い知的営為の延長線上に位置する分野であるとも言えよう。これは裏を返せば、本書でノルトフ氏が試みているように、精神疾患によってどの精神機能がいかなる形態で崩壊するのかを知ることによって、そこから意識の正常な機能を導き出そうとする試みにもつながる。

　ちなみにノルトフ氏は、「自明性」に関して次のように述べる。

> （……）統合失調症は、社会との断絶によって特徴づけられる。世界との「正常な」関係が断たれるのだ。そのような障害にどうアプローチすればよいのだろうか？　私たち健常者は、世界、および自分と世界の関係を自明のものとしてとらえている。私たちの知覚、行動、認

知のすべては、世界との関係や世界内における自己の統合を前提とする。（……）
統合失調症患者では、世界内での統合をもたらす「世界－脳」関係は、変質し、断絶し、最終的には失われる。アンドリューの例に見たように、統合失調症患者には、子どもの頃でさえ奇妙な行動が見られることが多い。議論をしている最中のうなずきが承認を意味することは、アンドリューにとっては自明ではなく疑問の対象になる。彼にはうなずきの意味がわからず、健常者のようにそれを自明なものとしてとらえられない。（一八九頁）

この文章からもわかるように、統合失調症患者が生きている世界は、健常者が特に意識せずに自明なものとしてそのもとで暮らしている世界とは圧倒的に異なる。では、この違いは何に起因するのだろうか？　この問いに対して、著者は統合失調症患者における「世界－脳」関係の変質という一つの答えを提示する。ここに至って「脳」が登場する。つまり「世界－脳」関係の一方の極には「脳」という生理的な組織、言い換えると三人称的な視点から観察可能な客観的に存在する組織の働きが含まれ、そこに主観的な視点とは別の基盤としての客観的な視点が措定されるのである。この点に関して著者は次のように述べ、心ではなく脳に焦点を置かなければ意識の解明は成就し得ないと主張する。

（……）脳の神経活動を、私たちが心的活動として経験しているものに変換することを可能にしているのは、まさにこの神経‐遺伝子、および神経‐環境の関係であると見なせる。言い換えると、脳による神経活動から心への変換は、脳の遺伝子‐神経の結びつき、さらには脳の生態的、環境的な統合に依拠する。

この定式化は、哲学者や、彼らが提起する心脳問題にとって重要な意味を持つ。心は、脳と神経活動に単純に還元できるものではない。脳は、脳＋遺伝子＋環境なのだから。ならば哲学者は、自分たちの見方を逆転すべきであろう。つまり、心の本質や、心と脳の関係を問うのではなく、脳の本質や、脳と遺伝子、そして究極的には世界との関係を問うべきだ。かくして心脳問題は、「遺伝子‐脳」問題、さらには「世界‐脳」問題に置き換えられる。（一二三頁）

ところで脳の探究という点に関して言えば、先にあげた前世紀の現象学的精神病理学者には利用できなかったが（したがって彼らは臨床的な所見に頼らざるを得なかった）、現代の脳科学者には利用できるようになった手段がある。言うまでもなくそれは、機能的磁気共鳴画像法（ｆＭＲＩ）などの最新の脳画像技術である。著者は、最新の脳画像技術を駆使して自身で行なった実験や、他者の実験をもとに、「安静時脳活動」を生理的な基盤とする時間／空間構造によって「世界‐脳」関係が構築されるという結論を導き出す。そのために安静時脳活動の異常は、正常な「世界‐脳」関係を変質させ統合失調症などの精神疾患を引き起こすのである。

このような論証を通じて著者は、一人称的、主観的、現象学的な視点と三人称的、客観的、実証的な視点の橋渡しを図ろうとする。言うまでもなく、この試みは壮大であり、しかも原題にもなっている「神経哲学（ニューロフィロソフィー）」は、まだ緒についたばかりの学問である。そのために未解明の問題も多く、本書にも「それについてはまだ明らかになっていない」などといった記述が、かなり目につく。この点を欠陥と見る読者もいるかもしれないが、今後の研究方向を示唆するために、書物としてはマイナスになり得る見解を敢えて率直に述べたと見ることもできよう。

ここで著者の姿勢がよくわかるエピソードを一つ紹介しよう。安静時脳活動を意識の構築の生理的基盤と見なす視点は、昨今脳神経科学でよく言及される「予測エラー（prediction error）」「随伴発射（corollary discharge）」「遠心性コピー（efference copy）」などの概念（＊参照）のベースとなり得るのではないかと著者に尋ねたところ、「それらの概念は、現象学的な視点を欠くので話半分にすぎない」という回答が戻ってきた。もちろん「話半分」ということなので、著者はそれらの概念を否定しているわけではない。しかし、「話のもう半分」に相当する現象学的視点を欠いているので、意識の説明としては不十分だと見なしているのである。まさに客観的視点と主観的視点を統合しようと奮闘している著者の面目躍如といったところであろう。

このような著者の姿勢は、かつて現象学的精神病理学の諸著作に感銘を受けたことのある訳者にも強い親近感が感じられる。訳者は、ポピュラーサイエンス書の翻訳という仕事の一環として、また個人的な興味によって、米英の大手出版社から刊行されている、脳神経科学をテーマとする一般向けの最新の科学書はできる限り読むようにしているが、それらを読んでいると、ノルトフ氏の指摘する「話半分ではないのか？」という印象がどうしてもぬぐえない。もちろん最近では、脳科学でも主観性を無視することはできないと主張する脳神経科学者もいる。たとえば、拙訳『意識と脳――思考はいかにコード化されるか』（紀伊國屋書店）のなかでスタニスラス・ドゥアンヌ氏は次のように述べている。

＊「予測エラー」とは大まかに言えば、脳の低次領域から高次領域に送られるのは、生データや、その要約であるよりも、予測からはずれたいわばエラー情報であり、それによってデータトラフィックの量が低減され効率化が図られているとする見方である。随伴反射や遠心性コピーは、運動中枢にシグナルを送る際、同時に感覚系にもあらかじめシグナルを送っておき、その運動によって生じた自己由来の刺激のために感覚処理が生じないようにしておくメカニズムをいう。このメカニズムが機能しているために、たとえば自分自身をくすぐってもくすぐったく感じないのである。これらの概念については、最近出版された本のなかでは、かなり難解だがアンディ・クラーク著『Surfing Uncertainty: Prediction, Action, and the Embodied Mind』（Oxford University Press, 2016）などに包括的に説明されている。「随伴反射」に関しては最近の著書のなかでは、それだけが解説されているわけではないが、本書と同様脳の異常作用を扱ったエリエザー・J・スタンバーグ著『NeuroLogic: The Brain's Hidden Rationale Behind Our Irrational Behavior』（Pantheon, 2015）などが非常にわかりやすかった。『NeuroLogic』はすでに版権が取られているそうなので、いずれ邦訳が刊行されるはずである。

これらの証拠は、芽吹き始めた意識の科学における第三の主要概念である、「主観的な報告は信頼に足るものであり、また信頼するべきである」という重要な結論を導く。（……）

つまり、行動主義心理学者や認知科学者らの、ここ一世紀間の疑念にもかかわらず、内省は有益な情報源になり得る。それは、行動の測定や脳画像によって客観的に検証できる貴重なデータをもたらすばかりでなく、意識の科学の本質を定義するものでもある。われわれは、意識的な状態を経験しているときに被験者の脳内で生じるニューロンの系統的な活動、すなわち意識のしるしを観察することで、主観的な報告の客観的な説明を探究するようになった。意識の定義上、経験している本人のみが、それについて語れるのだ。（六四〜六五頁）

しかしよく読めばわかるとおり、ドゥアンヌ氏の主張は「被験者の主観的な報告は、客観的なデータと同等なものとして扱うことができる」という点に尽き、ｆＭＲＩ等の最新の装置によって得られた客観的な実験データに照らして裏づけを取りつつ、現象学的、一人称的な視点に基づいて意識が形成されるあり方を分析するノルトフ氏のアプローチとはまったく異なる。その意味では、ノルトフ氏の観点からすれば、ドゥアンヌ氏の提言も「話半分」の範疇に入るのかもしれない。これは、カントから現象学に至る長い哲学的伝統を誇るドイツの出身でその衣鉢を継ぐノルトフ氏と、実証を重視し客観的であることを第一とする、米英圏出身の脳神経科学者（ドゥアンヌ氏はフランス人だが）の文化的なバックグラウンドの違いを反映していると見なせるだろう。

そう考えて、木村敏氏の著作やハイデッガーの入門書が一般向けの新書で何冊も刊行される日本では、本書は米英でよりも受け入れられやすいのではないかという感想を述べたところ、著者も同様に感じているという返事が戻ってきた。

ここまでの説明からも明らかなように、率直に言えば、本書は誰もがすぐに理解できるというタイプの本ではない。昨今では、金融資本主義的性急さで、何に関してでも即席に理解できなければならないと考える風潮があるように思われるのは気のせいだろうか。そのような姿勢で本書を読めば、おそらく書かれていることの多くは理解できないであろう。ただし本書は、熟読し、繰り返し読み直すことをもいとわない心構えで臨めば、そこに書かれていることに賛成しようが反対しようが、新たな考え方が身につく、そういったタイプの本であるとつけ加えておこう。個人的な経験で言えば、前述したブランケンブルクの『自明性の喪失』は、そのような本のなかの一冊であった。『自明性の喪失』が訳者にとって思考方法の転換を促す書物になったのと同様、本書が読者にとってそのような書物になることを願うばかりである。

最後に白揚社と同社編集者の筧貴行氏に感謝の言葉を述べたい。本書は白揚社から依頼された案件であり、当方からの提案ではないが、前述のとおり個人的な関心にも非常にマッチした本であり、その意味でも重ねてお礼を申し上げる。また、「私の業績は、脳と世界を含めたすべての事象が客観的であると考えられているアングロアメリカでよりも、（日本でのほうが）はるかに受け入れられやすいだろう。（……）私は、脳の持つ主観的な性質が正当に評価されるようになることを願って本書を著した。自己、意識、精神疾患などの心的特質を理解するためには神経科学は主観性を取り込む必要がある」、と思うところを私信で語ってくれた著者のゲオルク・ノルトフ氏にも深く感謝する。

二〇一六年九月

高橋洋

20140167.

Treynor, W., Gonzalez, R., & Nolen-Hoeksema, S. (2003). Rumination reconsidered: A psychometric analysis. *Cognitive Therapy and Research, 27*(3), 247–259.

Whitfield-Gabrieli, S., Thermenos, H. W., Milanovic, S., Tsuang, M. T., Faraone, S. V., McCarley, R. W., . . . LaViolette, P. (2009). Hyperactivity and hyperconnectivity of the default network in schizophrenia and in first-degree relatives of persons with schizophrenia. *Proceedings of the National Academy of Sciences, 106*(4), 1279–1284.

Wiebking, C., Bauer, A., de Greck, M., Duncan, N. W., Tempelmann, C., & Northoff, G. (2010). Abnormal body perception and neural activity in the insula in depression: An fMRI study of the depressed “material me.” *World Journal of Biological Psychiatry, 11*(3), 538–549.

Wiebking, C., Duncan, N. W., Tiret, B., Hayes, D. J., Marjańska, M., Doyon, J., Bajbouj, M., & Northoff, G. (2014). GABA in the insula: A predictor of the neural response to interoceptive awareness. *NeuroImage, 86*, 10–18. doi: 10.1016/j.neuroimage.2013.04.042.

Zahavi, D. (2005). *Subjectivity and selfhood: Investigating the first-person perspective*. Cambridge, MA: MIT press.

Neurobiology, 14(1), 23–45.

Sass, L. A. (2003). Self-disturbance in schizophrenia: Hyperreflexivity and diminished self-affection. In T. Kircher & A. David (Eds.), *The self in neuroscience and psychiatry* (pp. 128-148). Cambridge, UK: Cambridge University Press.

Schachter, S., & Singer, J. (1962). Cognitive, social, and physiological determinants of emotional state. *Psychological Review, 69*(5), 379–399. doi: 10.1037/h0046234

Schilbach, L., Bzdok, D., Timmermans, B., Fox, P.T., Laird, A.R., Vogeley, K., & Eickhoff, S.B. (2012). Introspective minds: Using ALE meta-analyses to study commonalities in the neural correlates of emotional processing, social and unconstrained cognition. *PLoS One, 7*(2), e30920. doi: 10.1371/journal.pone.0030920.

Schilbach, L., Eickhoff, S.B., Rotarska-Jagiela, A., Fink, G.R., & Vogeley, K. (2008). Minds at rest?: Social cognition as the default mode of cognizing and its putative relationship to the "default system" of the brain. *Conscious Cognition, 17*(2), 457–67. doi: 10.1016/j.concog.2008.03.013.

Schneider, F, Bermpohl, F, Heinzel, A, Rotte, M, Walter, M, Tempelmann, C, . . . Northoff G. (2008). The resting brain and our self: Self-relatedness modulates resting state neural activity in cortical midline structures. *Neuroscience, 157*(1), 120–131. doi: 10.1016/j.neuroscience.2008.08.014.

Schopenhauer, A. (1966a). *The world as will and idea* (Vol. 1). London: Dover. (Original work published 1818)〔『意志と表象としての世界』西尾幹二訳、中央公論新社、2004年〕

Schopenhauer, A. (1966b). *The world as will and idea* (Vol. 2). London: Dover. (Original work published 1819)

Searle, J. R. (2004). *Mind: A brief introduction* (Vol. 259). New York, NY: Oxford University Press.〔『Mind＝マインド―心の哲学』山本貴光，吉川浩満訳、朝日出版社、2006年〕

Stanghellini, G., Ballerini, M., Presenza, S., Mancini, M., Raballo, A., Blasi, S., & Cutting, J. (2015). Psychopathology of lived time: Abnormal time experience in persons with schizophrenia. *Schizophrenia Bulletin* pii: sbv052.

Stanghellini G, Ballerini M, Presenza S, Mancini M, Raballo A, Blasi S, Cutting J. (2015) Psychopathology of Lived Time: Abnormal Time Experience in Persons With Schizophrenia. Schizophr Bull. 2015 May 4. pii: sbv052.

Stanghellini, G., & Rosfort, R. (2015). Disordered selves or persons with schizophrenia? *Current Opinion in Psychiatry, 28*(3), 256–263. doi: 10.1097/YCO.0000000000000155.

Tononi, G. (2012). Integrated information theory of consciousness: An updated account. *Archives Italiennes de Biologie, 150*(2–3), 56–90.

Tononi, G., & Koch, C. (2015). Consciousness: Here, there and everywhere? *Philosophical Transactions of the Royal Society of London B: Biological Sciences, 370*(1668),

Oxford, UK: Oxford University Press.

Panksepp, J. (2011a). The basic emotional circuits of mammalian brains: Do animals have affective lives? *Neuroscience & Biobehavioral Reviews, 35*(9), 1791–1804.

Panksepp, J. (2011b). Cross-species affective neuroscience decoding of the primal affective experiences of humans and related animals. *PLoS One, 6*(9), e21236.

Parfit, D. (1971). Personal identity. *Philosophical Review, 80*, 3–27.

Parfit, D. (1984). *Reasons and persons*: Oxford, UK: Oxford University Press. 〔『理由と人格―非人格性の倫理へ』森村進訳、勁草書房、1998年〕

Parnas, J. (2003). Self and schizophrenia: A phenomenological perspective. In T. Kircher & A. David (Eds.), *The self in neuroscience and psychiatry* (pp. 217–241). Cambridge, UK: Cambridge University Press.

Parnas, J., Vianin, P., Saebye, D., Jansson, L., Volmer-Larsen, A., & Bovet, P. (2001). Visual binding abilities in the initial and advanced stages of schizophrenia. *Acta Psychiatrica Scandinavica, 103*(3), 171–180.

Pomarol-Clotet, E., Salvador, R., Sarro, S., Gomar, J., Vila, F., Martinez, A., . . . McKenna, P. J. (2008). Failure to deactivate in the prefrontal cortex in schizophrenia: Fysfunction of the default mode network? *Psychological Medicine, 38*(8), 1185–1193.

Qin, P., & Northoff, G. (2011). How is our self related to midline regions and the default-mode network? *NeuroImage, 57*(3), 1221–1233.

Raichle, M. E. (2009). A brief history of human brain mapping. *Trends in Neuroscience, 32*(2), 118–126.

Raichle, M. E. (2010). The brain's dark energy. *Scientific American, 302*(3), 44–49.

Raichle, M. E., MacLeod, A. M., Snyder, A. Z., Powers, W. J., Gusnard, D. A., & Shulman, G. L. (2001). A default mode of brain function. *Proceedings of the National Academy of Sciences U.S.A, 98*(2), 676–682.

Ratcliffe, M. (2008). *Feelings of being: Phenomenology, psychiatry and the sense of reality*. International Perspectives in Philosophy & Psychiatry. New York: Oxford University Press.

Rolls, E. T. (2000). The representation of umami taste in the taste cortex. *Journal of Nutrition, 130*(4S Suppl.), 960S–965S.

Rolls, E. T., Tovee, M. J., & Panzeri, S. (1999). The neurophysiology of backward visual masking: Information analysis. *Journal of Cognitive Neuroscience, 11*(3), 300–311.

Sadaghiani S, Hesselmann G, Friston KJ, Kleinschmidt A. (2010) The relation of ongoing brain activity, evoked neural responses, and cognition. Front Syst Neurosci. 2010 Jun 23;4:20. doi: 10.3389/fnsys.2010.00020. eCollection 2010.

Sanacora, G., Mason, G. F., & Krystal, J. H. (2000). Impairment of GABAergic transmission in depression: New insights from neuroimaging studies. *Critical Reviews in*

grave MacMillan, London, New York
Northoff, G. (2015a). Is schizophrenia a spatiotemporal disorder of the brain's resting state? *World Psychiatry, 14*(1), 34–35.
Northoff, G. (2015b). Resting state activity and the "stream of consciousness" in schizophrenia—neurophenomenal hypotheses. *Schizophr Bull, 41*(1), 280-290. doi: 10.1093/schbul/sbu116
Northoff G. (2015c) Slow cortical potentials and "inner time consciousness" - A neurophenomenal hypothesis about the "width of present." Int J Psychophysiol. 2015 Feb 9. pii: S0167-8760(15)00042-2. doi: 10.1016/j.ijpsycho.2015.02.012.
Northoff G. (2015d) Do cortical midline variability and low frequency fluctuations mediate William James' "Stream of Consciousness"? "Neurophenomenal Balance Hypothesis" of "Inner Time Consciousness". Conscious Cogn. :184-200. doi: 10.1016/j.concog.2014.09.004. Epub 2014 Oct 6.
Northoff G.(in press) Spatiotemporal psychopathology I: No rest for the brain's resting state activity in depression? Spatiotemporal psychopathology of depressive symptoms. J Affect Disord. 2015 May 14. pii: S0165-0327(15)00299-2. doi: 10.1016/j.jad.2015.05.007. [Epub ahead of print] Review.
Northoff G. (in press) Spatiotemporal Psychopathology II: How does a psychopathology of the brain's resting state look like? Spatio-temporal approach and the history of psychopathology. J Affect Disord. 2015 May 19. pii: S0165-0327(15)00300-6. doi: 10.1016/j.jad.2015.05.008. [Epub ahead of print] Review.
Northoff, G., Heinzel, A., de Greck, M., Bermpohl, F., Dobrowolny, H., & Panksepp, J. (2006). Self-referential processing in our brain: A meta-analysis of imaging studies on the self. *NeuroImage, 31*(1), 440–457.
Northoff, G., Qin, P., & Nakao, T. (2010). Rest–stimulus interaction in the brain: A review. *Trends in Neuroscience, 33*(6), 277–284.
Olson, E. T. (1997). The human animal: Personal identity without psychology. Oxford, UK: Oxford University Press.
Owen, A., Coleman, M., Boly, M., Davis, M., Laureys, S., & Pickard, J. (2006). Detecting awareness in the vegetative state. *Science, 313*(5792), 1402.
Panksepp, J. (1998a). *Affective neuroscience: The foundations of human and animal emotions*: New York, NY: Oxford University Press.
Panksepp, J. (1998b). The preconscious substrates of consciousness: Affective states and the evolutionary origins of the SELF. *Journal of Consciousness Studies, 5*, 566–582.
Panksepp, J. (2007a). Affective consciousness. In M. Velmans & S. Schneider (Eds.), *The Blackwell companion to consciousness* (pp. 114–129). New York: Wiley.
Panksepp, J. (2007b). The neuroevolutionary and neuroaffective psychobiology of the prosocial brain. *The Oxford handbook of evolutionary psychology* (pp. 145–162).

evidence of the existence of such substance. *Journal of the American Society of Psychical Research, 1*(5), 237–244.

Martin, B., Giersch, A., Huron, C., & van Wassenhove, V. (2013). Temporal event structure and timing in schizophrenia: Preserved binding in a longer "now." *Neuropsychologia, 51*(2), 358–371. doi: 10.1016/j.neuropsychologia.2012.07.002

Mayberg HS, Lozano AM, Voon V, McNeely HE, Seminowicz D, Hamani C, Schwalb JM, Kennedy SH. (2005) Deep brain stimulation for treatment-resistant depression. Neuron. 2005 Mar 3;45(5):651-60.

McGinn, C. (1991) *The problem of consciousness*. Blackwell Publisher, London

Medford, N., & Critchley, H. D. (2010). Conjoint activity of anterior insular and anterior cingulate cortex: Awareness and response. *Brain Structure and Function, 214*(5–6), 535–549. doi: 10.1007/s00429-010-0265-x

Merleau-Ponty, M. (1962). *Phenomenology of perception* (C. Smith, Trans.). London: Routledge. (Original work published 1945)〔『知覚の現象学』中島盛夫訳、法政大学出版局、2015年〕

Metzinger, T. (2004). *Being no one: The self-model theory of subjectivity*: Cambridge, MA: MIT Press.

Monti, M., Vanhaudenhuyse, A., Coleman, M., Boly, M., Pickard, J., Tshibanda, L., . . . Laureys, S. (2010). Willful modulation of brain activity in disorders of consciousness. *New England Journal of Medicine, 362*(7), 579–589.

Nagel, T. (1974). What is it like to be a bat? *The Philosophical Review, 83*, 435–450.

Northoff, G. (2001).Personal identity and surgical interventions into the brain. Paderborn, Germany: Mentis Publisher.

Northoff, G. (2004). *Philosphy of the brain*. Amsterdam/New York: John Benjamins.

Northoff, G. (2007). Psychopathology and pathophysiology of the self in depression - neuropsychiatric hypothesis. *Journal of Affective Disorders, 104*(1–3):1–14.

Northoff, G. (2012). From emotions to consciousness: A neuro-phenomenal and neuro-relational approach. *Frontiers in Psychology, 3*, 303. doi: 10.3389/fpsyg.2012.00303

Northoff, G. (2013). Gene, brains, and environment–genetic neuroimaging of depression. *Current Opinion in Neurobiology, 23*(1), 133–142.

Northoff, G. (2014a). Are auditory hallucinations related to the brain's resting state activity?: A "neurophenomenal resting state hypothesis." *Clinical Psychopharmacology and Neuroscience, 12*(3), 189–195. doi: 10.9758/cpn.2014.12.3.189.

Northoff, G. (2014b). *Unlocking the brain: Vol. 1. Coding*. New York, NY: Oxford University Press.

Northoff, G. (2014c). *Unlocking the brain: Vol. II. Consciousness*. New York, NY: Oxford University Press.

Northoff, G. (2014d). *Minding the brain: A guide to philosophy and neuroscience*. Pal-

Husserl, E. (1982). Ideas pertaining to a pure phenomenology and to a phenomenological philosophy (E. Kersten, Trans.). The Hague, Holland: Martinus Nijhoff Publisher. (Original work published 1913)

Ingram, R. E. (1990). Self-focused attention in clinical disorders: Review and a conceptual model. *Psychological Bulletin, 107*(2), 156–176.

James, W. (1890). *Principles of psychology* (2 Vols.). London: Dover.

Jaspers, K. (1997). *General psychopathology*. Chicago: University of Chicago Press. (Original work published 1964)

Javitt, D. C., & Freedman, R. (2015). Sensory processing dysfunction in the personal experience and neuronal machinery of schizophrenia. *American Journal of Psychiatry, 172*(1), 17–31. doi: 10.1176/appi.ajp.2014.13121691

Jones, W. H. S. (1868). *Hippocrates: Collected Works I*. Cambridge, MA: Harvard University Press. Retrieved September 28, 2006, from http://daedalus.umkc.edu/hippocrates/HippocratesLoeb1/page.ix.php

Klein, S. B. (2012). Self, memory, and the self-reference effect: An examination of conceptual and methodological issues. *Personality and Social Psychology Review, 16*(3), 283–300. doi: 10.1177/1088868311434214

Klein, S. B., & Gangi, C. E. (2010). The multiplicity of self: Neuropsychological evidence and its implications for the self as a construct in psychological research. *Annals of the New York Academy of Sciences, 1191*, 1–15. doi: 10.1111/j.1749-6632.2010.05441.x

Kraeplin, E. (1913). *[A textbook of psychiatry for students and doctors]*. Leipzig, Germany: Barth.

Lashley, K. S. (1949). Persistent problems in the evolution of mind. *Quarterly Review of Biology, 24*(1), 28–42.

LeDoux, J. E. (2003). *Synaptic self: How our brains become who we are*. New York, NY: Penguin.〔『シナプスが人格をつくる―脳細胞から自己の総体へ』谷垣暁美，森憲作訳、みすず書房、2004年〕

Lewis, D. A. (2014). Inhibitory neurons in human cortical circuits: Substrate for cognitive dysfunction in schizophrenia. *Current Opinion in Neurobiology, 26*, 22–26. doi: 10.1016/j.conb.2013.11.003.

Lipsman, N., Nakao, T., Kanayama, N., Krauss, J. K., Anderson, A.,Giacobbe, P., . . . Northoff, G. (2014). Neural overlap between resting state and self-relevant activity in human subcallosal cingulate cortex: Single unit recording in an intracranial study. *Cortex, 60*, 139–144. doi: 10.1016/j.cortex.2014.09.008

Lloyd, D. M. (2009). The space between us: A neurophilosophical framework for the investigation of human interpersonal space. *Neuroscience & Biobehavioral Reviews, 33*(3), 297–304.

MacDougall, D. (1907). Hypothesis concerning soul substance together with experimental

Fuchs, T. (2013). Temporality and psychopathology. *Phenomenology and the Cognitive Sciences, 12*(1), 75–104.

Gallagher, S. (2005). *How the body shapes the mind.* Cambridge, UK: Cambridge University Press.

Golomb, J. D., McDavitt, J. R., Ruf, B. M., Chen, J. I., Saricicek, A., Maloney, K. H., . . . Bhagwagar, Z. (2009). Enhanced visual motion perception in major depressive disorder. *Journal of Neuroscience, 29*(28), 9072–9077. doi: 10.1523/JNEUROSCI.1003-09.2009.

Grimm, S., Ernst, J., Boesiger, P., Schuepbach, D., Boeker, H., & Northoff, G. (2011). Reduced negative BOLD responses in the default-mode network and increased self-focus in depression. *World Journal of Biological Psychiatry, 12*(8), 627–637. doi: 10.3109/15622975.2010.545145.

Heidegger, M. (2010). *Being and time* (J. Stambaugh, Trans., revised by D. J. Schmidt). Albany, NY: State University of New York Press. (Original work published 1927)〔『存在と時間』中山元訳、光文社、2015年〕

Hippocrates. (2006). *On the sacred disease*. Internet Classics Archive: University of Adelaide Library, archived from the original on September 26, 2007, retrieved December 17, 2006, from http://etext.library.adelaide.edu.au/mirror/classics.mit.edu/Hippocrates/sacred.html

Hoffman, R. E. (2007). A social deafferentation hypothesis for induction of active schizophrenia. *Schizophrenia Bulletin, 33*(5), 1066–1070.

Holt, D. J., Cassidy, B. S., Andrews-Hanna, J. R., Lee, S. M., Coombs, G., Goff, D. C., . . . Moran, J. M. (2011). An anterior-to-posterior shift in midline cortical activity in schizophrenia during self-reflection. *Biological Psychiatry, 69*(5), 415–423.

Hoptman, M. J., Zuo, X. N., Butler, P. D., Javitt, D. C., D'Angelo, D., Mauro, C. J., & Milham, M. P. (2010). Amplitude of low-frequency oscillations in schizophrenia: A resting state fMRI study. *Schizophrenia Research, 117*(1), 13–20.

Huang, Z., Dai, R., Wu, X., Yang, Z., Liu, D., Hu, J., . . . Northoff, G. (2014). The self and its resting state in consciousness: An investigation of the vegetative state. *Human Brain Mapping, 35*(5), 1997–2008. doi: 10.1002/hbm.22308

Huang, Z., Wang, Z., Zhang, J., Dai, R., Wu, J., Li, Y., . . . Northoff, G. (2014). Altered temporal variance and neural synchronization of spontaneous brain activity in anesthesia. *Human Brain Mapping, 35*(11), 5341–5716. doi: 10.1002/hbm.22556

Huang, Z., Zhang, J., Wu, X., & Northoff, G. (2014). Altered resting state variability in anesthesia. *Neuroimage*, in press

Hume, D. (1777). *Enquiry concerning human understanding*. London: Milar. (Original work published 1748) Available online at http://www.davidhume.org/texts/ehu.html〔『人間知性研究』斎藤繁雄，一ノ瀬正樹訳、法政大学出版局、2011年〕

scious processing. *Neuron, 70*(2), 200–227. doi: 10.1016/j.neuron.2011.03.018
Dehaene, S., Charles, L., King, J.-R., & Marti, S. (2014). Toward a computational theory of conscious processing. *Current Opinion in Neurobiology, 25*, 76–84.
de Pasquale, F., Della Penna, S., Snyder, A. Z., Marzetti, L., Pizzella, V., Romani, G. L., & Corbetta, M. (2012). A cortical core for dynamic integration of functional networks in the resting human brain. *Neuron, 74*(4), 753–764.
Descartes, R. (1996). *Meditations on first philosophy* (J. Cottingham, Trans.). Cambridge, UK: Cambridge University Press (Original work published 1641)〔『省察』山田弘明訳、筑摩書房、2006年〕
Descartes, R., Weissman, D., & Bluhm, W. T. (1996). *Discourse on the method: And, meditations on first philosophy*. New Haven, CT: Yale University Press.
de Sousa, R. (2007). Emotion. In P. Goldie (Ed.), *The Oxford handbook of philosophy of emotion* (pp. 237–263). Oxford, UK: Oxford University Press.
Duncan, N. W., Hayes, D. J., Wiebking, C., Brice, T., Pietruska, K., Chen, D., . . . Northoff, G. (in press). Negative childhood experiences alter a prefrontal-insular-motor cortical network in healthy adults: A multimodal rsfMRI-fMRI-MRS-dMRI study. *Human Brain Mapping*.
Edelman, G. M. (2003). Naturalizing consciousness: A theoretical framework. *Proceedings of the National Academy of Sciences U.S.A., 100*(9), 5520–5524. doi: 10.1073/pnas.0931349100
Edelman, G. M. (2005). *Wider than the sky: A revolutionary view of consciousness*. London: Penguin.〔『脳は空より広いか―「私」という現象を考える』冬樹純子訳、草思社、2006年〕
Ersner-Hershfield, H., Garton, M. T., Ballard, K., Samanez-Larkin, G. R., & Knutson, B. (2009). Don't stop thinking about tomorrow: Individual differences in future self-continuity account for saving. *Judgment and Decision Making, 4*(4), 280–286.
Ersner-Hershfield, H., Wimmer, G. E., & Knutson, B. (2009). Saving for the future self: Neural measures of future self-continuity predict temporal discounting. *Social Cognitive and Affective Neuroscience, 4*(1), 85–92. doi: 10.1093/scan/nsn042
Ford, J. M., Morris, S. E., Hoffman, R. E., Sommer, I., Waters, F., McCarthy-Jones, S., . . . Cuthbert, B. N. (2014). Studying hallucinations within the NIMH RDoC framework. *Schizophrenia Bulletin, 40*(Suppl. 4), S295–S304. doi: 10.1093/schbul/sbu011.
Freton, M., Lemogne, C., Delaveau, P., Guionnet, S., Wright, E., Wiernik, E., . . . Fossati, P. (2014). The dark side of self-focus: brain activity during self-focus in low and high brooders. *Social Cognitive Affective Neuroscience, 9*(11), 1808–1813. doi: 10.1093/scan/nst178.
Fuchs, T. (2007). The temporal structure of intentionality and its disturbance in schizophrenia. *Psychopathology, 40*(4), 229–235.

Craig, A. D. (2009b). How do you feel—now?: The anterior insula and human awareness. *Nature Reviews Neuroscience, 10*(1), 59-70.

Craig, A. D. (2010a). Once an island, now the focus of attention. *Brain Structure and Function, 214*(5–6), 395–396.

Craig, A. D. (2010b). The sentient self. *Brain Structure and Function, 214*(5–6), 563–577.

Craig, A. D. (2010c). Why a soft touch can hurt. *Journal of Physiology, 588*(Pt. 1), 13.

Craig, A. D. (2011). Interoceptive cortex in the posterior insula: Comment on Garcia-Larrea et al. 2010 Brain 133, 2528. *Brain, 134*(Pt. 4), e166.

Critchley, H. D., Wiens, S., Rotshtein, P., Ohman, A., & Dolan, R. J. (2004). Neural systems supporting interoceptive awareness. *Nature Neuroscience, 7*(2), 189–195. doi: 10.1038/nn1176

D'Argembeau, A., Collette, F., Van der Linden, L. M., Laureys, S., Del Fiore, G., Degueldre, C., . . . Salmon, E. (2005). Self-referential reflective activity and its relationship with rest: A PET study. *NeuroImage, 25*(2), 616–624.

D'Argembeau, A., Feyers, D., Majerus, S., Collette, F., Van der Linden, M., Maquet, P., & Salmon, E. (2008a). Self-reflection across time: Cortical midline structures differentiate between present and past selves. *Social Cognitive and Affective Neuroscience, 3*(3), 244–252. doi: 10.1093/scan/nsn020

D'Argembeau, A., Stawarczyk, D., Majerus, S., Collette, F., Van der Linden, M., Feyers, D., . . . Salmon, E. (2010a). The neural basis of personal goal processing when envisioning future events. *Journal of Cognitive Neuroscience, 22*(8), 1701–1713. doi: 10.1162/jocn.2009.21314

D'Argembeau, A., Stawarczyk, D., Majerus, S., Collette, F., Van der Linden, M., & Salmon, E. (2010b). Modulation of medial prefrontal and inferior parietal cortices when thinking about past, present, and future selves. *Social Neuroscience, 5*(2), 187–200.

D'Argembeau, A., Xue, G., Lu, Z. L., Van der Linden, M., & Bechara, A. (2008b). Neural correlates of envisioning emotional events in the near and far future. *NeuroImage, 40*(1), 398–407. doi: 10.1016/j.neuroimage.2007.11.025

Damasio, A. (1999). *The feeling of what happens: Body and emotion in the making of consciousness*. New York, NY: Harcourt Brace.〔『無意識の脳　自己意識の脳―身体と情動と感情の神秘』田中三彦訳、講談社、2003年〕

Damasio, A. (2010). *Self comes to mind: Constructing the conscious mind*. New York, NY: Pantheon.〔『自己が心にやってくる―意識ある脳の構築』山形浩生訳、早川書房、2013年〕

de Greck, M., Wang, G., Yang, X., Wang, X., Northoff, G., & Han, S. (2012). Neural substrates underlying intentional empathy. *Social Cognitive and Affective Neuroscience, 7*(2), 135–144.

Dehaene, S., & Changeux, J. P. (2011). Experimental and theoretical approaches to con-

参考文献

Alcaro, A., Panksepp, J., Witczak, J., Hayes, D. J., & Northoff, G. (2010). Is subcortical–cortical midline activity in depression mediated by glutamate and GABA?: A cross-species translational approach. *Neuroscience & Biobehavioral Reviews, 34*(4), 592–605. doi: 10.1016/j.neubiorev.2009.11.023.

Baars, B. J. (2005). Global workspace theory of consciousness: Toward a cognitive neuroscience of human experience. *Progress in Brain Research, 150*, 45–53. doi: 10.1016/S0079-6123(05)50004-9

Berze, J. (1914). *[The primary insufficiency of mental activity]*. Leipzig, Germany: Franz Deuticke.

Bleuler, E. (1911). *[Dementia praecox or the group of schizophrenias]*. New York: International Universities Press.

Bleuler, E. (1916). *[Textbook of psychiatry]*. Berln: Heidelberg; New York: Springer.

Chalmers, D. J. (1996). *The conscious mind: In search of a fundamental theory*. New York: Oxford University Press.〔『意識する心—脳と精神の根本理論を求めて』林一訳、白揚社、2001年〕

Christoff, K., Cosmelli, D., Legrand, D., & Thompson, E. (2011). Specifying the self for cognitive neuroscience. *Trends in Cognitive Sciences, 15*(3), 104–112. doi: 10.1016/j.tics.2011.01.001.

Churchland, P. S. (2002). Self-representation in nervous systems. *Science, 12296*(5566), 308–310.

Craig, A. D. (2002). How do you feel? Interoception: The sense of the physiological condition of the body. *Nature Reviews Neuroscience, 3*(8), 655–666. doi: 10.1038/nrn894

Craig, A. D. (2003). Interoception: The sense of the physiological condition of the body. *Current Opinion in Neurobiology, 13*(4), 500–505.

Craig, A. D. (2004). Human feelings: Why are some more aware than others? *Trends in Cognitive Sciences, 8*(6), 239–241. doi: 10.1016/j.tics.2004.04.004

Craig, A. D. (2009a). Emotional moments across time: A possible neural basis for time perception in the anterior insula. *Philosophical Transactions of the Royal Society of London B: Biological Sciences, 364*(1525), 1933–1942.

ま

ら

わ

な

は

た

さ

か

索引

あ

著者　ゲオルク・ノルトフ（Georg Northoff）
神経科学者、哲学者、精神科医。カナダ・オタワ大学精神保健研究所教授で、心・脳・精神倫理研究ユニット長も務める。
うつや統合失調症などの患者の脳と健常者の脳とを比較することで、意識や自己といった高度な心的機能と神経的・生化学的メカニズムとの関係を研究する。神経科学と哲学の融合分野である神経哲学の第一人者であり、その成果は260篇以上の論文に報告されている。

訳者　高橋　洋（たかはし・ひろし）
翻訳家。同志社大学文学部文化学科卒（哲学及び倫理学専攻）。
訳書にドイジ『脳はいかに治癒をもたらすか』、ドゥアンヌ『意識と脳』、レイン『暴力の解剖学』（以上、紀伊國屋書店）、クルツバン『だれもが偽善者になる本当の理由』（柏書房）、ダン『心臓の科学史』、エリオット『脳はすごい』、ベコフ『動物たちの心の科学』（以上、青土社）ほかがある。

脳《のう》はいかに意識《いしき》をつくるのか

二〇一六年十一月十九日　第一版第一刷発行
二〇一七年十二月一日　第一版第三刷発行

著　者　ゲオルク・ノルトフ
訳　者　高橋《たかはし》　洋《ひろし》
発行者　中村幸慈
発行所　株式会社　白揚社　© 2016 in Japan by Hakuyosha
東京都千代田区神田駿河台一－七　郵便番号一〇一－〇〇六二
電話＝(03)五二八一－九七七二　振替〇〇一三〇－一－二五四〇〇
装　幀　岩崎寿文
印刷所　株式会社　工友会印刷所
製本所　牧製本印刷株式会社

ISBN978-4-8269-0192-5

クリストファー・ボーム著　斉藤隆央訳

モラルの起源

道徳、良心、利他行動はどのように進化したのか

なぜ人間にだけモラルが生まれたのか？　気鋭の進化人類学者が進化論、動物行動学、考古学、霊長類のフィールドワーク、狩猟採集民の民族誌など、さまざまな知見を駆使し、エレガントで斬新な新理論を提唱する。　四六判　４８８ページ　本体価格３６００円

デイヴィッド・J・チャーマーズ著　林　一　訳

意識する心

脳と神経の根本理論を求めて

意識とは何か？　脳から心が生まれるのか？　錯綜した哲学を明快に整理し、意識と物質を一括して支配する驚くべき根本法則に迫る。ホフスタッター、ペンローズにつづく知の新星が切り拓く心脳問題の新たな地平！　四六版　５１２ページ　本体価格４８００円

トーマス・ズデンドルフ著　寺町朋子訳

現実を生きるサル　空想を語るヒト

人間と動物をへだてる、たった2つの違い

なぜチンパンジーはヒトになれなかったのか？　すべてを変えたのは私たちの心が持つ「2つの性質」だった。動物行動学、心理学、人類学などの広範な研究成果を援用して、人間を人間たらしめる心の特性に科学で迫る。　四六版　４４６ページ　本体価格２７００円

ウィリアム・B・アーヴァイン著　竹内和世訳

欲望について

日々の生活に大きな役割を果たす欲望。その欲望がどのように形作られ、なぜ存在するのかといった疑問に、進化心理学・脳神経科学などを援用して取り組み、思想家や哲学者が残した欲望の考え方、対し方も紹介する。　A5判　３００ページ　本体価格３５００円

ダニエル・ネトル著　竹内和世訳

パーソナリティを科学する

特性5因子であなたがわかる

簡単な質問表で特性5因子（外向性、神経質傾向、誠実性、調和性、開放性）を計り、パーソナリティを読み解くビッグファイブ理論。パーソナリティ研究のルネッサンスと新理論を科学的に検証。パーソナリティ評定尺度表付。　四六判　２８０ページ　本体価格２８００円

経済情勢により、価格に多少の変更があることもありますのでご了承ください。
表示の価格に別途消費税がかかります。